不拼搏不青春：走出人生的低谷期

邱洪◎编著

中国纺织出版社

内 容 摘 要

焦虑、恐惧、忧郁，都来源于你的懒惰和懦弱，安逸、悠闲、舒适更不应该常驻在青春里。因为年轻，所以不怕输，正所谓不拼搏，不青春。

本书详细阐述了青春与拼搏的方方面面，从修炼内心到抵制弱点，从做事方法到做人道理，希望给予正在青春里迷茫的您一些有效的引导和中肯的建议。

图书在版编目（CIP）数据

不拼搏不青春：走出人生的低谷期／邱洪编著. —北京：中国纺织出版社，2018.11（2023.10重印）
ISBN 978-7-5180-5315-5

Ⅰ.①不… Ⅱ.①邱… Ⅲ.①成功心理—青年读物
Ⅳ.①B848.4-49

中国版本图书馆CIP数据核字（2018）第191561号

责任编辑：闫　星　　特约编辑：王佳新　　责任印制：储志伟

中国纺织出版社出版发行
地址：北京市朝阳区百子湾东里A407号楼　邮政编码：100124
销售电话：010—67004422　传真：010—87155801
http：//www.c-textilep.com
E-mail：faxing@c-textilep.com
中国纺织出版社天猫旗舰店
官方微博http：//weibo.com/2119887771
新乡市龙泉印务有限公司印刷　各地新华书店经销
2018年11月第1版　2023年10月第3次印刷
开本：880×1230　1/32　印张：6.5
字数：102千字　定价：68.00元

凡购本书，如有缺页、倒页、脱页，由本社图书营销中心调换

前言

年轻意味着美好的芳华，七色的青春，大把的时光。似乎人生所有美好的事情都与年轻有关，人们在年华逝去的时候，追忆的往往是青春时光。年轻，是一个点燃激情的词汇，可以激发人的无尽潜能，青春期更是一个人一生中的黄金时段。

既然年轻是一个美好的词汇，那似乎就意味着这个年纪就应该好好享受，该旅游就旅游，该玩耍就玩耍，把大把的时间都用来挥霍，这样才无愧于“青春”二字。然而，真的是这样吗?

虽然青春期是一个人最好的年纪，也是最单纯的时光，但同时也恰恰是一个人需要深厚积淀的阶段，或许有的人的青春是在象牙塔里寂寞，有的人的青春是挥洒在汗水里，有的人的青春是挥霍在放纵里。纵然，每一种青春都会留给我们刻骨铭心的回忆，然而，哪一种青春才能为人生积淀的财富呢?当然是不断学习和努力的青春，因为青春就是用来拼搏的。青春的光阴，不应该在安逸状态里消逝，而是应该在努力奋斗中升华；处在青春期的你，不应该安逸于当下的生活，而应该努力奋斗向上。

或许年轻人在拼搏的过程中，总会遭遇这样或那样的挫折，由于太年轻，在偌大的城市里总感觉自己卑微渺小，没有任何的竞争力与存在感，看着一些优秀的同龄人，便会觉得自卑和无奈。可是，难道就这样放弃吗？当然不是，为了未来的人生，我们更应该努力拼搏，把汗水都挥洒在这个年纪，不断努力，这样才能获得最后的成功。

青春就是资本，正所谓不拼搏，不青春，实现梦想唯有努力。年轻人想成功就应该端正自己的态度，要有独立的思想和明确的目标，把努力进行到底。年轻人就应该沉下心来，踏踏实实去做事。就算被批评了，被责骂了，也应该忍着，以谦虚的态度学习，不断尝试不断挑战，保持勤勤恳恳的做事态度，不断地充实自己，只有内心足够强大，才不会被别人践踏。失败了又有什么要紧，你还年轻，有大把的时间去尝试，更有大把的时间去改正，所以一切还可以重来，重要的在于你应该不断努力，努力拼搏。

编著者

2018年5月

目录

第1章　青春梦想，花样年华静待绽放　|| 001

怀揣梦想，待其开花结果　|| 002

梦想，带你脱离平庸　|| 005

充实自己，为未来做准备　|| 007

点燃信念，走向光明　|| 011

第2章　努力改变，与其抱怨不如行动　|| 015

接受现实，再想办法改变现状　|| 016

你要自己决定你该做什么　|| 019

生活，适合自己就好　|| 023

为自己的选择承担责任　|| 027

修炼内心，容纳天下事　|| 031

第3章　向上生长，不负青春不负时光　|| 033

重要的是做一个最好的你　|| 034

修正方向，掌握自己的人生 ‖038

做好自己，不要被他人左右 ‖041

忽略掉那些不快乐的事情 ‖044

第4章 努力一把，你若盛开蝴蝶自来 ‖049

结合时局，为自己创造机遇 ‖050

如果有一件事情要做，立即就干 ‖054

靠的是自我努力，而不是自我放弃 ‖057

对自己狠一点，你才更优秀 ‖059

第5章 勇往直前，毫不退缩才会成功 ‖063

心存希望，迎难而上才能铸就辉煌 ‖064

放慢脚步，一步一个脚印 ‖068

不退缩，你会更加强大 ‖071

有勇气，才敢去拼搏 ‖075

第6章 超越自我，发挥优势挖掘潜能 ‖079

心中怀着勇气，就毫不畏惧 ‖080

相信自己，为自己喝彩 ‖082

人生需要冒险精神 || 084

你比自己想象中更优秀 || 085

用坚韧换机遇，用时间换天分 || 087

善于思考，创意人生 || 089

第7章 立即行动，高效执行战胜拖延 || 093

不是时间不够，而是没利用好时间 || 094

想成就什么，就马上行动 || 097

顾虑太多，往往错过绝佳机会 || 099

迎着晨光实干，别面对晚霞幻想 || 101

别抱怨，只有行动才能解决问题 || 105

善于规划，更准确地行动 || 106

选择方向，懂得正确努力 || 108

第8章 不言放弃，一如既往坚持到底 || 111

做好一天中最重要的事 || 112

自我推销，酒香也怕巷子深 || 114

专注细节，无限接近完美 || 116

执着追求，善始又善终 ‖118

沉下身心，是为了飞得更高 ‖123

心有目标，世界为你让路 ‖125

第9章 战胜自己，克制弱点趋向完美 ‖127

远离嫉妒，多关注自己 ‖128

与人为善，多帮助别人 ‖129

唯有宽容，才能使人真心悔改 ‖131

抑制冲动，冷静后再决定 ‖133

固执己见，是一种偏激的坚持 ‖135

不怀功利之心，坦然面对得失 ‖137

第10章 内心强大，从容不迫无所畏惧 ‖141

内心强大，才能战胜一切 ‖142

接纳自己，不必太完美 ‖145

找到焦虑症结，多找积极的事情做 ‖149

你担心的大多数事都不会发生 ‖153

你的安全感来源于自己 ‖156

用时间和行动证明自己 || 160

第11章 独立自主，依靠自己把握人生 || 163

忍住泪水，积极地想办法 || 164

相信自己，你会走得更远 || 168

强者，是能控制自己情绪的人 || 171

任何事情，你必须独自面对 || 175

主动求变，掌控自己人生 || 178

第12章 砥砺前行，学习不止完善自我 || 181

提高学习能力，坚持终身学习 || 182

播种一种榜样，收获奋斗目标 || 184

接纳新鲜事物，与时俱进 || 187

多个角度思考，看清问题本质 || 190

放空心态，虚心学习 || 193

参考文献 || 197

第 1 章

青春梦想，花样年华静待绽放

古人曰：“志若不移山可改，何愁青史不书功。”对年轻人来说，梦想就是永恒的信念，是向前努力的精神，是一颗炽热的心。年轻因梦想而伟大，梦想总要有的，万一实现了呢？一个没有梦想的人永远是一个平庸的人。

怀揣梦想，待其开花结果

年轻就是力量，任何一个年轻人，周身都散发着青春的气息，对于未来，他们都怀着无限的憧憬，并希望自己在未来有所成就。但这一切必须以梦想为动力，以激情为前提，自己的激情，只有充分地发挥它，勇敢地激活它，你才能够想要多聪明就有多聪明，想要有多大能力就有多大的能力。稻盛和夫在经营京瓷公司的时候，也正是因为怀着“必将京瓷公司发展为世界第一大陶瓷公司”这一梦想，才逐步实现了自己的愿望。

对此，他曾经在书中写道：“当然，当时既没有具体的战略，也没有确实的计划。那时，它只不过是一个空幻的梦想而已。但是，我在联欢会等各种场合上总是反复对职工说起这个梦想。通过这些，我的‘愿望’也成为了全体职工的‘愿望’，并最终开花结果了。”

当然，稻盛和夫现在的成就已经远不止成功经营京都陶瓷公司了，他在52岁还创办了第二电信移动电话集团（原名DDI，现名

KDDI，目前在日本为仅次于NTT的第二大通信公司），这两家公司都在他的有生之年进入了世界500强，两大事业皆以惊人的力道成长。

另外，面对已经申请破产的日本航天公司，2010年1月13日，稻盛和夫公开表态愿意重新出山，任日航CEO。在稻盛和夫担任日航CEO的424天里，仅仅一年创造了日航历史上空前的1884亿日元的利润，是“全日空”利润的三倍，在2011年全世界航空公司中获得了利润第一。稻盛和夫之所以能让日航起死回生，也可以说是怀揣激情与梦想的结果。

因此，年轻人，无论你有多么遥远的梦想，都要强烈地告诉自己：“我一定要实现梦想”，并为自己祈祷，将这种愿望渗透到意识中去，不断地为自己的梦想努力，那么你就一定能够成功。

所以，为自己编织一个伟大的梦想吧，也许你会说，现在每天的生活已经平淡无奇甚至自己已经被高强度的工作压得筋疲力尽了，梦想早就化为云烟随风远去了。但请记住，能用自己的力量去创造自己美好人生的人，一定拥有远大的梦想和超过自身能力的愿望。稻盛和夫成为一个成功的企业家的原动力，也是源自于他年轻时拥有的强烈愿景和高远目标。

有些年轻人认为，我不够聪明，我天生愚钝，我怎么可能会成功？在这种心态下，他们甘愿庸庸碌碌，看不到自身蕴含的潜能，也失去了学习的动力，而实际上，人与人在智力上，并没有多大差异。

爱因斯坦是举世公认的20世纪的巨匠，他死后，科学界对他的大脑进行了一番研究。结果表明，他的大脑无论是体积、重量还是构造或脑细胞，与同龄的其他人一样，没有区别。因此，年轻人，不要再认为自己天资愚钝而不可能成功了，你也是聪明的。我们绝大多数人在降临人世时，条件都是相同的，并无优劣之分，由于后来受到不同环境、不同人生经历的磨炼，给予大脑不同质量的刺激，才产生了人与人之间的差异。

每个人心中都会有一个属于自己的梦想，但紧张的工作、学习、生活，可能会让你搁浅心中的梦想。然而也正是因为失去了梦想，你才会显得无力，没有热情。一个人的潜能只有具有一个伟大的动力，才会被最大限度地激发出来，因此，不要犹豫了，为理想奋斗吧，你的人生才会有别样的精彩。

其实，我们不难发现，那些成功者的梦想也是源自生活的，而那些平庸者就是缺乏对生活的敏锐洞察力。即使双方处于同样的环境中，但前者更能从中得到一些重要的暗示，受到一些启发，而后者则是稀里糊涂、得过且过地生活。

梦想是行动的原动力，没有梦想的人就不可能有创造性，也无法获得成功，也不可能成长为有用的人。为什么呢？因为通过描绘梦想、锐意创新、不断努力，人格才能够得到不断地磨炼，为此，稻盛和夫说：“梦想和愿望就是人生的跳板。”

那么，当你静下心来品尝一杯咖啡的时候，当你与友人谈笑风生的时候，当你阅读他人成功宝典的时候……你有没有激发出自己内心关于梦想的火花呢？

梦想，带你脱离平庸

我们都知道，源头决定自然界里的喷泉的高度；一个人有什么样的信念，决定其有什么样的成就。因此，如果我们想让行动领先一步，梦想就必须超前一些。伟大而卓越的人，之所以能够永无止境地创造和超越，就在于他们拒绝接受平庸，他们追求卓越，所以他们功成名就。正如日本京都陶瓷株式会社社长稻盛和夫所言：“人生是思维所结的果实，这种想法已经构成许多成功哲学的支柱。根据我自身的人生经验，我也坚定一个信念，那就是‘内心不渴望的东西，它不可能靠近自己’。亦即，你能够实现的愿望，只能是你自己内心十分渴望的，如果内心对其没有渴望，即使能够实现的愿望也实现不了。”的确，我们的人生是怎样的，就取决于内心有多大的愿望和渴望，有梦想的人，可以化渺小为伟大，化平庸为神奇。

现代社会的年轻人，如果你想活出一个不平凡的人生，如果你想成为一个成功的人，那么，从现在起，就为自己树立一个足以为之奋斗的理想吧。一个连想都不敢想的人，又怎么会成功呢？

美国钢铁大王卡内基，少年时代从英格兰移民到美国，当时真是穷透了，正是“我一定要成为大富豪”这样的信念，使得他于19世纪末在钢铁行业中大显身手，而后涉足铁路、石油行业，成为商界巨富。

理想影响行动，行动影响结果，这是一连串的因果效应。想成功，自然也要有超前的理想和信念。而年轻就是力量，就是希望，那么，你还在担心什么呢？无论做什么，即使失败了，还有机会重新开始。

推销大师吉拉德的成功，也是源于他相信自己能成功的信念。

小时候吉拉德的父亲总是给他灌输一种消极的思想——“你永远不会有出息，你只能是个失败者”，这些思想令他害怕。而吉拉德的母亲却相反，她给他灌输的是一种积极的思想：“对自己有信心，你绝对会成功的，只要你想成为什么，你就能做到。”从父母那里，吉拉德时时受到两种相反的力量的影响，这两种力量一方面令他害怕，另一方面也让他产生信心。而最终，母亲传输给他的这种思想胜利了，这就是他能实现自己梦想的原因。

生活中，很多年轻人也充满理想，但一旦把自己的理想和现实联系起来的时候，他们就退却了，就认为不可能，而这种“不可能”一旦驻扎在心头，就无时无刻不在侵蚀着他们的意志和理想，许多本来能被他们把握的机遇也便在这“不可能”中悄然逝去。其实，这些“不可能”大多是人们的一种想象，只要你能拿出勇气主动出击，那些“不可能”就会变成“可能”。试想一下，稻盛和夫先生在创业之初的许下的重誓，当时仅有8人。而四十多年后，稻盛和夫就成为了迄今世界上唯一一位一生缔造两个世界五百强企业的人，这不正证明了“没有什么不可能”的道理吗？

为此，年轻人，从现在起，你需树立一个正确的理念，并调动你所有的潜能加以运用，努力提升自己的能力，让你的信心和理想带你脱离平庸的人群，为未来步入精英的行列打好基础！

充实自己，为未来做准备

我们都知道，人的潜能是无限的，它是人的能力中未被开发的部分，它犹如一座待开发的金矿，蕴藏无穷，价值连城。一个人最大的成功，就是他的潜在能力得到了最大程度地发挥。但这一前提是，无论你的理想多么崇高，要实现你的理想就必须勤奋努力，朝着目标一步一步地迈进。

然而，现今社会，好高骛远、不脚踏实地是很多年轻人的通病，他们是思想上的巨人、行动上的矮子，信誓旦旦决定做一件事，但到实施的时候，却做不到一步一个脚印，每天朝目标迈一步，经常三分钟热度，做不到持之以恒。要知道，任何事情的成功都不是一蹴而就的，需要一点一滴的付出。小事成就大事，在每件小事上认真的人，做大事一定成绩卓越，可以说，稻盛和夫的成功来自于他早年的愿望，同时更是坚持与努力的结果。

刚开始，京瓷公司规模很小，不满百人，并且这家公司当初还是一家乡村工厂，但那个时候，稻盛和夫就和员工一起立下了“要将这家公司发展为世界一流的公司”的宏伟志愿。“尽管它还是一个遥远的梦想，但我内心有个强烈的愿望，就是渴望实现梦想并证明给大家看。”稻盛和夫在自己的书籍《活法》中写道。

不难发现，那时候的稻盛和夫眼界是高的，而且在接下来的很多年内，他不仅坚持自己的梦想，更是把自己的梦想融入到了实际行动中。他和他的员工一样，在现实中的每一天，都在竭尽全力重复简单的工作。为了继续昨日的工作，他们不得不挥洒汗水，一毫米、一厘米地前进，把横在眼前的问题一个个解决掉，时间就这样在看似微不足道的日子中度过了。

可能很多年轻人会问："每天重复同样的工作，哪年哪月能成为世界一流的公司呢？"的确，在创业的过程中，稻盛和夫屡受打击，经历过无数次失败，但他认为，人生只能是"每一天"的积累与"现在"的连续。

"此刻的这一秒钟聚集成一天，这一天聚集成一周、一个月、一年，等发觉时，已经站在了先前看上去高不可攀的山顶上，这就是我们人生的状态。"

年轻人，你们也应该谨记稻盛和夫的这句话，学习这种追求成功、不懈努力的人生精神。没有小，就没有大；没有低级，就没有高级，每天那些点滴的小事中都蕴含着丰富的机遇，伟大的成就都来自每天的积累，无数的细节才能改变生活。

即使你的目标是短视与功利的，但是，如果不过完今天一天的话，那么明日就不会来访。到达心中向往的地点，没有任何捷径，"千里之行，始于足下"，无论多么伟大的梦想都是一步一步、一天一天去积累，最终才能实现的。

事实上，有很多和稻盛一样成功的人，他们白手起家，创下了自己的辉煌。的确，很多看似卑微的工作却正是最伟大的事业，卖拉链、做纽扣同样能跻身世界500强。贫穷的人没有创业资金，可以从那些小成本行业做起，可能一不小心就跨入了世界500强之列。

世界上许多伟大的事业都是由点点滴滴的细节小事汇集而成的。在小节上能够处理好的人，在成功之路上一定会少许多漏洞，相反，如果一个人不关注细节问题，往往会因小失大，自毁前程。完美的细节代表着永不懈怠的处世风格，也是一个人追求成功的资本。

年轻人，你是不是对每天两点一线的学习生活已经厌倦了？你是不是渴望和那些青年人一样去闯荡？你是不是希望能有一个成功的机会？你是不是认为自己有粗心大意的毛病？那么，从现在起，对待生活、学习上的任何一件事，你不妨都予以关注，关注其细节是否完善。从细节入手，你会发现，你也可以变得卓越！

稻盛和夫曾说："不要把今天不当一回事，如果认真、充实地度过今天，明天就会自然而然地呈现在眼前了。如果认真地度过明日，那么就可以看见一周。如果认真地度过一周，那么就可以看见一个月……即使不考虑以后的事而全力以赴过好现在每一瞬间，先前还未能看见的未来之像就自然而然地可以看见了。"

其实，"机遇是留给有准备的人"这句话是有道理的。美国篮球名将乔丹对此深有体会，他说："机会是为有准备的人而准备的。抓紧所有的时间，让力量发挥到极致，那些斑斓多彩的机会，就会一个个来到这些人面前了。”因此，现阶段，你要做的就是为未来做准备、充实自己的内在。

点燃信念，走向光明

人们常说“梦有多大，舞台就有多大”，这就是信念的力量。任何梦想和信念，只有在屹立不倒的情况下，才会产生作用，才会指引我们走向胜利，这就是信念的力量。现代社会，很多年轻人，没有经历过社会的洗礼和锤炼，对于失败和成功并没有多少概念，但从现在起，你必须认识到信念的力量，那么，在未来的生活、工作中，即使你遇到挫折，你也会懂得在陷入困境时，点燃自己手中仅有的信念的“火种”，去战胜黑暗、摆脱困境，为自己带来光明。

稻盛和夫说：“成功的基础是强烈的愿望。也许有人认为这种说法不科学，是单纯的精神论。但是，不断地想，不断地去思考，我们就将在头脑中‘看得见’即将实现的现实。”

稻盛和夫在他的《活法》一书中也说道：“不仅仅是一而再，再而三地产生某种强烈愿望，希望这样或是希望那样，而是在大脑中反复进行模拟实验，心中推演种种迈向成功的过程。这就像象棋手，每走一步都要慎重推敲，思考上万种棋步，一次又一次地在大脑中模拟演习达到目的的过程，不达目的的棋步就从棋谱里消去。如此锲而不舍、反复思考，成功的道路就好像曾经走过似的‘逐步清晰’了。那些只出现在梦想里的东西逐步接近现实，不久梦境与现实的界限消失，似乎已成现实。实现的形态、完成的形态都能在头脑中或在眼前清晰地显现。”

当然，任何信念，如果单纯停留在想象上，是没有任何意义的，不把这种抽象的意向转化为现实的行动，不进行深思、不认真开展活动，那么创造性的工作以及成功的人生不会不请自来。

的确，初入社会的年轻人，有时候也是软弱的，可能你们一件事情还没做，便去考虑失败后的结果，这样必然会导致内在潜能得不到充分的调动与发挥。要避免与摆脱这种心理上的失衡，就必须时时表现出一种强者的风范，敢于面对困难与挫折，并始终怀着必胜的信念去克服并战胜困难，坚定不移地朝着成功的目标迈进。因而有意识地培养自己的“强者”意识，可以说，是度过心理危机的良方。

可能也有一些年轻人，一直以来，他们都是在父母的呵护甚至是溺爱下长大的，对失败和挫折的承受力有限。有时候，一次生活上的挫折或事业上的失利，就会使得他们一蹶不振甚至放弃信念和理想，他们看到的是最终失败的结局而不是成长的过程，在这种错误观念的支配下，他们又怎么能过五关斩六将，最终赢得成功呢?

信念是一种无坚不摧的力量，当你坚信自己能成功时，你必能成功。许多人一事无成，就是因为他们低估了自己的能力，妄自菲薄，以至于缩小了自己的成就。信念能使人产生勇气，成功的契机，是建立自己的信心和勇气。

每个年轻人，都应该从稻盛和夫的成功中感受到信念的力量，那么，从现在起，开始为你的信念奋斗吧。首先，假想你现阶段的目标已经实现，以此获取良好的心理状态，这样，反过来，当你在追逐目标的过程中，即使遇到了各种困难，也会因为自我造就的心理成就感而促使你朝着成功的目标迈进。其次，要给自己打气，坚定自己的信念，任何时候，都要自己给自己打气，确信自己的看法。心中默念：我想我可以，我可以坚持做好，那么，你就能一直以良好的状态达到目标。在这个过程中，一直需要有必胜的信念引领你前进。

第2章

努力改变，与其抱怨不如行动

古人曰：“坐而言，不如起而行。”生活中我们总会遇到不公平的事情，或遭受一些挫折，这时候最容易引发的就是不停的抱怨，然而，抱怨真的能解决问题吗？与其抱怨，不如试着让自己做些改变。

接受现实，再想办法改变现状

人人都知道，理想是我们的引航灯，所以，每个人都为自己的人生海洋矗立了这样一盏灯。然而，很多人树立理想之后，就将其抛于脑后，过起了得过且过的人生。有些人恰恰相反，他们目标明确，一心一意地奔着理想而去。然而，他们发现了一件很困惑的事情，即理想和现实相差太远，现实横亘在他们和理想之间，让他们难以跨越。遇到这种情况，特别执着的人依然会奔着理想而去，丝毫不向现实缴械投降。这种执着的精神值得赞许，然而，过于执着就是一种执拗。我们首先必须认清楚，理想终要归于现实，要与现实和谐融洽地发展，而不能脱离现实。脱离现实的理想就像乌托邦，永远不会实现；脱离现实的理想就像空中楼阁，可望而不可即。这样的理想，即使实现了，也对现实没有太大的意义，想到这里，我们不得不说的是，纵然要坚持理想，但也要兼顾现实，失去现实依托的理想，是很难实现的。所以，尽管我们年少气盛的时候为自己树立了理想，但在我们走入社会意识到现实与理想之间的差距时，要学会调整自己的理想。理想，不是不可能改变的，常言道，条条大路通罗马，实现理想的道路有很多种，我们应该学会选择适合自己的道路。

在追求理想的过程中，我们还会遇到很多困难。这些困难，有些是我们预料之中的，有些是我们预料之外的。常言道，兵来将挡，水来土掩，我们只有调整好自己的心态，坦然面对困境，才能更好地为理想的实现创造条件。假如这其中有不可逾越的困难，那么我们不妨拐个弯走，绕过困难，同样也能达到最终的目标，在古代，这也是一种战术。现代社会，各行各业的发展日新月异，如果你是职场人士，更应该学会圆滑处世，千万不要当职场里的“愣头青”。人在职场，虽然我们要坚持自己的原则和理想，但是变通也是必须的。有的时候，换一条路走，或者转换一种思路去实现自己的梦想，也许会在困境中发现“柳暗花明又一村”。

吴王阖闾在与楚国的战争中获胜，从而称霸南方，后来又对邻国越国发动战争，想吞并越国。越国的国君勾践率领军队与吴王在檇李展开了生死决战，吴王阖闾战败，身受重伤，回国之后便去世了。他临死前嘱咐儿子夫差一定要为他复仇，夫差即位后时刻不忘国耻，整日练兵，最终打败了越国，还把勾践抓到吴国。为了羞辱勾践，吴王派他看守坟墓，饲养马匹，把他当最卑微的下人使唤。勾践尽管心里怒火中烧，恨不得马上为国报仇雪恨，但却装作被降服的样子，并且表现出对吴王极大的忠诚。他主动为吴王牵马，还像奴婢一样伺候生病的吴王。日久天长，吴王渐渐放松了警惕，最终准许勾践回到越国。

勾践回国后，发誓一定要打败吴国，报仇雪耻。因为安心安逸的生活容易消磨斗志，他便把一个苦胆挂在饭桌的上方，每次吃饭之前都先尝一尝苦胆。他从来不睡温暖柔软的床，而是睡在柴草堆上，用干草当被子。为了增强国力，他亲自下地种田，他的夫人也亲手织布，自己缝制衣服穿。他把国家大事交给文种管理，把军队交给范蠡加强训练，最终全国上下齐心协力，不但兵强马壮，国力也越来越强盛。

公元前484年，伍子胥建议吴王攻打齐国之前先灭越国，吴王没有采纳伍子胥的意见，反而因为伍子胥的进言一怒之下杀了他。公元前475年，越王勾践做足准备，一举打败吴国。勾践卧薪尝胆，最终一雪前耻，后来，勾践北上中原与诸侯会盟，成为春秋末期的霸主，实现了青史留名的伟业。

勾践如果在被俘之后没有佯装臣服，恐怕早就被吴王杀死了。也许很多人会说士可杀不可辱，而现实情况是，留得青山在，不怕没柴烧。正是因为勾践表现出了极大的忠心，最终才能博得吴王的信任，吴王才会准许他回到越国。回到越国之后，他也没有立刻享受安逸，理想的实现需要顽强的毅力，所以勾践整日卧薪尝胆，最终才能国强兵壮，一举打败吴国，称霸春秋。

在我们的生活中，也常常会有这样的事情发生。当理想和现实之间存在差距的时候，我们首先应该学会接受，然后再想办法改变现状。人生之中很多时候是不能逞强的，逞得一时之气，很可能会失去大好的机会，甚至再也没有回旋的余地。所以，聪明的人知道理想可以变通，但是必须与现实融合，才能最终得以实现。

你要自己决定你该做什么

自古至今，成功的人有一个相同之处，那就是敢于坚持己见，有自己的想法，并且能够果断地做出自己的抉择。有主见才能突破前方的障碍，打开成功的大门，那些没主见的人，只会人云亦云，什么时候都是被人牵着鼻子走，他们不断地摇摆着自己的内心，殊不知成功已经在他们面前消失得无影无踪。

玛格丽特·撒切尔夫人，英国著名政治家，曾经连续3次当选英国首相，也是欧洲历史上第一位女首相。她在重大的国际、国内问题上立场坚定，做事果断，被誉为世界政坛上的“铁娘子”。

然而，撒切尔夫人并非政治天才，她的性格、气质、兴趣等都深受父亲的影响，她成功的人生源于父亲培养起来的独特主见和高度自信！正如后来她在当选为首相时所说的那样："父亲的教诲是我信仰的基础，我在那个十分一般的家庭里所获得的关于自信和独立的教诲，正是我获选胜出的武器之一。"1925年10月13日，撒切尔夫人出身于英格兰林肯郡格兰瑟姆市的一个杂货店家庭里。她的父亲爱好广泛，热衷于参加政治选举，撒切尔夫人受父亲的影响，博览政治、历史、人物传记等方面的书籍，从小对政治就有相当多的了解。

撒切尔夫人的家教十分严格。小的时候父亲就要求她帮忙做家务，10岁时就在杂货店站柜台。在父亲看来，他给孩子安排的都是力所能及的事情，所以不允许女儿说"我干不了"或"太难了"之类的话，借此培养孩子独立的能力。父亲常谆谆告诫她千万不要盲目迎合他人，并经常把"自己要有主见，不要人云亦云"的道理灌输给她。因此，撒切尔夫人从小就学到了很多关于自信和独立有主见的道理。

在撒切尔夫人入学后，她的阅历和想法不断增加，当看到同学们自由地玩耍和嬉戏时，她觉得小伙伴们有着比自己更为自由和丰富的生活。她开始羡慕朋友们一起在街上游玩，一起做游戏、骑自行车；也开始向往周末能和小伙伴们一起去春意盎然的山坡上野餐。终于有一天，她把自己的想法告诉了父亲，期待能得到父亲的同意。然而，父亲却沉着脸并严厉地对她说："孩子，你必须有自己的主见！不能因为你的朋友在做什么事情你就也去做同样的事情。你要自己决定你该做什么，千万不能随波逐流。”

听完父亲的话，撒切尔夫人默默地低下了头，不吭声。见到女儿不说话，父亲缓和了语气，继续劝导女儿：“宝贝，不是爸爸限制你的自由，而是你应该要有自己的判断力，有自己的思想。现在是你学习知识的大好时光，如果你想和一般人一样，沉迷于享乐，那以后将会一事无成。我相信你有自己的判断力，你自己做决定吧。”

父亲的一席话深深地印在了她的脑海里。她想：“是啊，为什么我要学别人呢？我有很多自己的事要做，刚买回来的书我还没看完呢。”于是她不再幻想和同学们去游玩，而是潜心学习，积极进取。

是的，无论如何我们都要保持自己的想法，不能看着别人做什么我们就为之心动，随波逐流。每个人都是独立的个体，每个人都有自己独特的想法，我们要明白自己的使命，要看清人生的方向，无论何时都要拿定自己的主意。

转眼间丽丽就要面临中考了，而此时身边的同学们对于升学却有着不一样的看法，就连她的宿舍里也产生了几派不同的想法。张萌想考中专，林夕想考技校，李晓想考职高，陈寒想考高中……这时候的人心可以说是比较浮躁的，她们感到很迷茫，同时与家里的想法也不太一致，所以都在纠结着。但是丽丽却一直想考重点高中，只要考上了重点高中，就等于迈进了大学门槛，她的理想就是上大学。

那时，丽丽家住在一个小镇，经济不发达，所以，人们的观念还比较保守。

丽丽有一个邻居，丽丽平时称呼她王阿姨，王阿姨经常去她家串门，当王阿姨在与她妈妈闲聊得知丽丽要考重点高中时，就对丽丽妈妈说："老姐呀，一个女子念那么多书干啥？没必要有太高的学问，识几个字，将来找个好婆家就行了，干事业、挣钱养家是男人的事。何况，女子将来都是人家的人，供她念书那不是白花钱吗？早点上班，还可以多为家里挣几年钱。"听了王阿姨的一番劝说，丽丽妈妈的心里有些动摇了，不再支持女儿考高中，而要她考技校，或者去工厂打工。

妈妈的决定让丽丽心里十分难过，她对妈妈说："妈妈，请您给我一次机会吧，如果我考不上，我就去打工，补贴家用。"妈妈看到丽丽坚定的样子就勉强同意了。虽然妈妈同意了，但她的心里却依然感到十分沉重，好像压了一块巨石使她喘不过气来。

此后，丽丽更加努力地读书，她决心通过自己的能力考上重点高中，让别人都看一看，女孩儿一样能考重点、上大学。后来，她以优异的成绩考上了县里最好的高中，在三年后考上了理想的大学，丽丽的愿望终于实现了。

有的人在面临打击时会丧失信心，听从他人的看法而否定了自己的才能；而有的人却会坚定自己的想法，用实力证明自己到底有多棒。朋友们，如果此时你退缩了，那不就正好证明了他人说的是对的吗？别人的意见只是参考，而自己的方向需要自己去做决定，一味的听从只会让你一败涂地。不要人云亦云，也不要随波逐流，遇事想一想，多考虑一下，对与错在于自己，即便失败了，你也不会后悔，因为那是自己的选择。

生活，适合自己就好

很久以前，有两个鱼缸，一个鱼缸里有两条金鱼，另一个鱼缸里有一条金鱼。它们每天在自己的鱼缸里看着对方，都觉得对方的鱼缸更大。因此，它们央求主人把它们互相调换，然而，换了缸之后，它们才发现这两只鱼缸是一样大的。这三条金鱼瞎折腾一通，虽然没有达到自己的理想，但是也没有太大的损失，生活中的有些人，命运可就没有这么好了。他们总是觉得别人的生活比自己好，恨不得倾尽所有去换他们想要的生活，等到终于过上了自己想要的生活时，他们却又发现还是自己原来的生活好，然而，此时，他们已经回不去了。

昨天，去看了最近大热的《夏洛特烦恼》。这个夏洛，得不到初恋的情人，就在情人的婚礼上出洋相，被和他同甘共苦的妻子追得一头躲进厕所里，从此做了一个漫长的梦：他最想要面子，在梦里，他变成了明星，拥有初恋情人当老婆，还开豪车，住豪宅。然而，繁华背后是无边的落寞，最终他还是愿意失去既得的一切换回结发之妻马冬梅。这个梦是多少人梦寐以求的啊，只不过大多数人求之而不得，所以整日念念不忘。相比之下，夏洛很幸运，因为他在梦里知道了生活的真谛，这个梦挽救了他现实中的生活。从此之后，他只爱自己的结发之妻马冬梅，人生之中，这样的情况太多见了。很多女人都觉得自己老公没有别人的好，很多男人都觉得自己老婆没有别人的漂亮；看到别人新买的房子，你会问自己为什么不也买一套，瞬间就觉得自己原本温馨的小家变得肮脏邋遢起来；看到别人开好车，你最初对爱车的爱已经消失殆尽，甚至有点觉得它丢了你的面子……我们总是羡慕别人的生活，却从来不知道别人是否真的幸福。

我们以为看清楚自己的生活，就能明白别人的生活。其实，人眼的所在位置就决定了，我们只能看到别人的光鲜亮丽。很多人都意识不到自己是身在福中不知福，而只觉得别人过得比自己好多了。其实，你看到的只是表象，你看不到别人心里的苦，这就像鱼缸里的鱼一样，羡慕对方，忽视自己。我们应该珍惜自己所拥有的，不要盲目羡慕别人。首先，别人有你看得到的幸福，未必没有你看不到的痛苦；其次，别人的幸福未必适合你，这就像谈恋爱，萝卜白菜各有所爱，一个人总会找到真正适合他的另一半。千万不要等到失去了再后悔，你的人生不会像夏洛的梦一样醒过来，一旦失去，就很难再失而复得。

周末，许久不见的好友丽给我打电话，邀请我带着孩子去她家做客，坦白说，我不是很想去。丽是我大学时代的好友，后来，她嫁给了一个很有钱的商人，而我的先生就是一名普通的公务员，每个月几千元的薪水，日子过得捉襟见肘。这就是生活，转眼之间，丽的生活与我的生活有了天壤之别，渐渐地，我们的交往就淡了。我们见面，有什么可聊的呢？聊她的名牌化妆品、高档时装？我连听也没听过；聊我的柴米油盐酱醋茶？丽不会感兴趣。我去了，无非是像刘姥姥进大观园一样，眼巴巴地欣赏人家的幸福。然而，丽的语气非常诚恳，我想，我还是去吧，毕竟是好朋友呢。

和我想象中的一样，丽的家非常宽敞，挑高大厅悬挂着水晶灯，极尽奢华，硕大的厨房，还有专门的藏酒柜。丽家的地下室是一个很宽敞的家庭影院，旁边就是健身房，和淋浴桑拿间。想想我们每次想看电影要走那么远，而这一切，丽家都应有尽有。最让我震撼的是孩子的玩具间，我家柳柳一进房间，就惊呼了一声。全套芭比娃娃摆放在那里，整整齐齐，就像等着小主人检阅的士兵。看着丽的女儿露丝漫不经心地拿起一个芭比娃娃送给柳柳时，我的心里有点儿难受。不过，柳柳倒是很高兴，她已经央求我很久，想要一个芭比娃娃了。

孩子们留在玩具间玩耍，丽继续带着我参观她的家。终于参观完了，丽把我拉进书房，我们坐在阳光倾泻而下的落地窗旁，吃着水果喝着咖啡，终于有时间说说各自的生活。我发自内心地说："丽，你太幸福了。你知道吗，这是多少人梦寐以求的生活啊！奢华的别墅，帅气而又有钱的老公，还有如此漂亮的女儿，你真是招人嫉恨啊！"丽怅然若失地说："你知道吗，娜娜，我其实心里很羡慕你。""羡慕我？"我惊讶地张大嘴巴，"我有什么好羡慕的？你可真是身在福中不知福啊。"丽吃了块哈密瓜，露出奇怪的表情，似乎哈密瓜很寡淡，一点滋味都没有一样。她幽幽地说："你知道吗？我守着这个大房子，觉得很寂寞。我以前常常听你说你们一家三口挤在小小的房子里，如果爷爷奶奶偶尔过去，还要和孩子睡上下铺。我很羡慕，我家的房子大多数都空着，除了佣人，就是我和露丝。我老公实在太忙了，他很少回家，你知道吗，每当看到你在朋友圈里晒着你们一家三口出游的照片时，我就特别羡慕。我们有多长时间没有一家三口一起吃晚饭了，你都难以想象。有的时候，我会想象着你曾经说的画面，你和你老公一起在厨房做饭，他总是给你帮倒忙，却赶也赶不走，在你身边絮絮叨叨地说话，陪你做饭。我渴望那样的生活，真的。"听了丽的话，我似乎有点儿理解她了。想想我先生每次出差走几天，我都觉得家里空空的，如果让我像丽一样独自守着家，漫无天日地，我肯定会被逼疯的。我建议丽出去工作，这样就能多多接触社会，排遣寂寞无聊的时光。

从丽家里出来，我没有像预想得那样对自己的生活百般挑剔，反而更加心安了。女儿走在我身边，说："妈妈，露丝真可怜，她都没有小伙伴陪她玩，只能玩玩具。咱们下次出去玩的时候，带上她吧，我再多找几个小伙伴一起，好吗？"我笑着点了点头。

人总是这样，这山望着那山高，其实，真正想明白了，就会知道一切都无须比较。每个人都有自己的生活，别人的生活再好，也不可能将其据为己有。生活中，真正获得幸福的人往往不会把自己与别人比较，因为比较是一切苦恼的来源。即使是在工作中，我们也只需要尽心尽力地做好自己的事情。凡是成功的人，都是脚踏实地做事的人，比较，也是为了博取众长，而不是为了自寻烦恼。

为自己的选择承担责任

有人说人生是一个不断接受改变的过程，其实，人生更是一个不断选择的过程。从我们呱呱坠地开始，我们就面临着选择。喝什么奶粉，穿什么衣服，在哪里照百天照，去上哪个幼儿园，就读哪所小学……这些事情，在我们还不能自主选择的时候，父母就为我们做出了选择。父母在做出这些选择的时候伤透了脑筋，在奶粉种类繁多的今天，他们千选万挑，只想找到一款对我们的健康真正有利无害的奶粉。随着学龄的到来，为了让我们不输在起跑线上，他们又绞尽脑汁地为我们联系最好的学校。在父母的精心选择中，我们渐渐成长，来到了美好的少年时代，直至成长为青年。我们开始学会选择，想要为自己的人生负责。自主选择，为自己的选择承担责任，这大概是成年人与未成年人显著的区别之一。父母心惊胆战地看着我们在人生的道路上跌跌撞撞，想告诉我们什么是应该选择的，却知道碰壁和犯错是我们人生的必由之路。就这样，在父母的注视中，磕得头破血流的我们长大了。从此之后，父母不再干涉我们，不管什么事情，父母都会默默地支持我们。但是，我们并没有因为享有人生的自主权就恣意妄为，相反，我们变得更加谨慎，因为我们肩负着责任。我们必须选择好，才能少走人生的冤枉路，才能事半功倍，更快地获得成功。

直观地说，选择就是决定一个方向。就像走路，如果南辕北辙，永远也到不了终点，唯有选择好，再加上努力，才能尽快到达自己的目的地，由此可见，选择是多么重要。生活中，常常有人抱怨，觉得自己的运气太差，而羡慕别人的运气比自己好。其实，不是运气差，而是选择不对，一旦方向错误，你越努力，只能越偏离目标。当然，仅仅有正确的选择还是远远不够的，因为方向只在于起点，过程的推动力大小还要看我们的努力程度。

现实生活中，很多人有选择恐惧症，他们在选择的时候往往瞻前顾后，犹豫不决。究其原因，是因为选择的过程中他们无法正确地取舍。要想做出最佳的选择，我们就要有一定的分析能力。凡事都有利弊，任何事情都有两面性，我们不可能既想得到，又不想失去。一分为二地看，任何选择都有得到和舍弃，不同的在于，你更想得到一种怎样的结果。所以，我们在选择的时候就要确定，自己想要什么，同时必须舍弃什么。这样，在面对选择带来的结果时，才不会患得患失。

张刚和李强大学毕业后，被同一家公司录取。他们找了好几个月的工作，因为就业形势严峻，始终没有合适的意向公司。后来，一家小公司录取了他们，对此，他们很犹豫。张刚很有野心，并不想去一家小公司混日子。李强也是相同的想法，但是李强没有张刚有魄力，他很担心创业失败。他和张刚的观念完全不同，对于可能面对的失败，张刚总是说“没关系，我们还年轻，输得起”，而李强则说：“我们的资本那么少，怎么能经得起失败呢”。就这样，两个好朋友就此分道扬镳，张刚回到家乡创业，李强则留在小公司开始工作。

张刚回到家乡后，选择了经营最热卖的母婴用品。他的成本很低，就在家里办公，找了个代加工工厂生产婴儿用的三角巾等。这些东西都是一本万利的，成本也许只有一块钱，但是却能卖到十几块钱。因为总价不高，而且显示出童真童趣，所以张刚的生意非常火爆。虽然每单只有几十块钱，但是每天都要卖出去几十单。如此三年过去，张刚不仅有了自己的加工生产厂，而且淘宝店也越开越火，每天都能卖出去上百单。而李强呢，在那家小公司三年了，公司一直没有得到很好的发展，所以现在的他过着和三年前差不多的生活，如今，他正准备辞职回家给张刚打工呢！

三年的时间，因为选择的不同，原本可以成为张刚合伙人的李强，现在却只能回去给他打工，这就是选择的重要性。很多事情，在做出选择的时候，我们不能瞻前顾后。如果三年前李强想清楚，即使创业失败，也无非就是再去找一份工作，像三年后的自己一样生活，那么他就知道，对于他们而言，没什么好害怕失去的。如今，张刚用三年博得了自己的潇洒人生，未来的他定然还会有更好的发展，而李强则只能选择跳槽，或者回乡给张刚打工，或者找另外一个公司继续发展。

这就是选择的重要性，选择好，事半功倍；选择不好，只能一切重头再来，浪费宝贵的青春时光。选择的时候，我们先要深思熟虑，然后要果断采取行动，这样才能抓住最佳契机。

修炼内心，容纳天下事

生活中，充斥着形形色色的小事。这些事情不会对我们的人生产生至关重要的影响，却让我们无法释怀地拥抱幸福。的确，精明的人都会算计，即使不占别人的便宜，也要算计自己吃没吃亏。然而，爱算计的人往往不会幸福。因为，幸福禁不起算计。细心的人会发现，有些在生活中显得很傻的人，整日大大咧咧，什么也不在乎，反而很幸福。他们之所以幸福，是因为从不计较自己吃没吃亏。古人云，吃亏是福，虽然是很简单的四个字，真正做到的人却没有几个。吃亏是福，吃亏为什么是福呢？且不说我们的斤斤计较能否保证自己不吃亏，设想一下，你整日里为了鸡毛蒜皮的事情琢磨来琢磨去，要死多少脑细胞呢？如果事情无关大碍，吃点儿小亏又何妨呢？你浑然不知地吃了小亏，也不会觉得自己吃亏，还省却了斤斤计较的烦恼，这不是福气又是什么？人生之中，值得我们忧虑的事情太多，为小事就不值得浪费脑细胞了。

很多人，在意的不是利益的得失，而是别人曾经对他的不公。其实，这个世界上没有绝对的公平与不公平，很多时候，看似吃亏，实则占便宜。也有很多时候，看似占了大便宜，其实是吃了大亏。人生总是需要平衡，而真正的平衡在于我们的内心。对于那些在我们需要的时候没有伸出援手的朋友，你应该想想，他也许有不能言说的苦衷。对于那些在背后陷害我们或者说我们坏话的同事，你应该想想，他家里是不是有什么困难，所以才逼得他出此下策。对于那些曾经非议我们的人，我们应该一笑置之，谢谢他们教会我们懂得人心险恶。对于那些曾经小看我们的人，我们应该谢谢他们，因为是他们激励我们一往无前，走向成功，为自己赢得真正的尊严。放下这些生活中的小事，我们才能从容豁达地生活。如果我们总是因为不相干的人和事扰乱自己的心绪，那么我们将会损失更多。这个世界上，还有什么比幸福平稳的心绪更值得珍惜的吗？所以，没有必要为了别人，失去自己最宝贵的东西。记住，宽宥别人，就是宽宥自己。有舍才有得，上帝在为你关闭一扇门的同时，一定会再为你打开一扇窗。

现代生活中，很多年轻人为了小事就郁结于心，过度扩大问题。其实，那些事情都是不值一提的小事，根本不应该记挂在心上。我们要想获得幸福的生活，就应该修炼自己的内心，让自己变得淡定平和，唯有如此，我们才能拥有广阔的胸襟，大肚能容天下之事。

第3章

向上生长，不负青春不负时光

有句话说得好："实现梦想的欲望要无限大，全宇宙都会给你正能量去实现。"年轻，没有理由不努力，敢想敢做，勇于付出，相信没有什么事是做不到的，选择在美好的青春年华里洒下汗水，种下希望，并永不止步。

重要的是做一个最好的你

下面的这首诗不知道大家是否听过，但是它为很多人打开了心结：

如果你不能成为山顶上的高松，

那就当棵山谷里的小树吧，

但要当棵溪边最好的小树。

如果你不能成为一棵大树，

那就当一丛小灌木，

如果你不能成为一丛小灌木，

那就当一片小草地。

如果你不能是一只香獐，

那就当尾小鲈鱼，

但要当湖里最活泼的小鲈鱼。

如果你不能成为一条大道，

那就当一条小路，

如果你不能成为太阳，

那就当一颗星星，

决定成败的不是你能力的大小，

而是做一个最好的你。

朋友们，我们不必迷茫，我们也不必彷徨，我们最需要做的就是不断地提升自己，完善自己，做最好的自己。正如小诗中说的，“决定成败的不是你能力的大小，而是做一个最好的你。”

香香曾经是个好女孩，一段失败的爱情让她在失落中堕落了。

上大学的时候，香香和同班同学泽铭恋爱了，这是香香的初恋，刻骨铭心。毕业后他们各自回到父母所在的城市工作，彼此用电话联系。半年后，香香无法忍受相思之苦，放弃了所有来到泽铭身边，见面的第一天晚上，她把自己完全交给了他。然后他们同居了，像夫妻一样过上了甜蜜的小日子。

让香香做梦也没有想到的是，就在她沉浸在对未来的美好憧憬中时，泽铭却突然向她提出分手！她震惊地问为什么。泽铭的回答竟然是他爱上了另一个女孩！然后，泽铭消失了大半个月。在那大半个月里，香香每天借酒消愁，后来因为酒精中毒住进了医院。

在朋友的劝导下，香香终于走出了那段悲伤的岁月，她终于明白对不复存在的爱情不能忘怀，是对自己最残酷的伤害。既然对方已经残酷到如此地步，为何要为了这样一个无关紧要的人自甘堕落呢？此后香香变得更加热爱生活，她明白了之前的一切是多么不值得，今后的日子她要活出最精彩的自己。香香变得独立而自信，换了一份更好的工作，在生活上过得更加精致。谈及她的变化，香香对朋友说“以前的我迷失了自己，今后的我要努力上进，每一天都要活得乐观而充实，我要做最好的自己，散发自己独具特色的光芒。”

有一个男孩的班里来了一个特别的女孩。这个女孩与其他人相比，身体残疾，还是一位哑巴女孩，整体形象看起来也并不突出。

女孩在班里就这样静静地学习、生活，似乎并没有因为自己的外貌而感觉有什么不同。有一天上形体课，这时轮到了她上台。在全班的笑声中，女孩不卑不亢地走到舞台上，不时偶尔地挥舞着她的双手；仰着头，脖子伸得很长，与她尖尖的下巴形成一条直线；她的嘴张着，眼睛眯成一条线，淡定地看着台下的学生；偶尔她也会支支吾吾地，不知在说些什么。

大家都在下面嘲笑女孩，看到这里，男孩感觉非常生气，对他们的行为感到很伤心。就在这时，女孩的表演结束了，突然班上的调皮鬼站了起来，说：“同学，我们都知道你的身体有残疾，那么你是怎么看待自己的呢？你的表演真的好可笑。”这句话引得周围几个同学大笑了起来。

同学们都在大笑，男孩却感到很悲哀，他们竟然如此嘲笑自己的同学，更何况还是身患残疾的同学。男孩捂上了耳朵，不愿感受下一刻的痛苦。他感到人与人之间是如此冷漠与无情，他不明白为何他们不懂得站在女孩的角度考虑，为何如此伤害他人的内心，此时男孩已经不知道如何表达自己的同情与难过了。

可是，同学间的嘲笑和刻意挖苦并没有引起女孩的不满，女孩平淡地笑了笑，然后她转身拿起粉笔在黑板上非常洒脱地写了起来："1. 我是一个可爱的女孩！2. 我的腿很长很美！3. 我的爸妈很爱我！4. 我的绘画很出色！5. 我擅长写作！6. 我的猫咪惹人喜爱！"一时间，整个教室都变得非常安静，那个讥讽的男孩子也低下了头。接着女孩向大家微笑示意，接着写下这样一句："我拥有很多，我很幸福，我不会看那些没有的东西。"当她转身的那一刻，全体同学回报给了她最响亮的掌声，那是一种赞美也是一种敬意。那句话，男孩听得热泪盈眶，将它印在了自己的心里。

认真地做自己，做最好的自己，充分发挥自己的潜能，那么你就会成功。没有完美的人，也没有完美的事，不要去比较，也不要去自卑，相信自己，即便你不是人群中最优秀的，但是你一定可以成为最优秀的自己。记得有一位诗人曾说过："不可能每个人都当船长，必须有人来当水手，问题不在于你干什么，重要的是能够做一个最好的你。”把身边的事情做好，就是生活中的成功。

修正方向，掌握自己的人生

高考将近，杨海林已经被保送到了大学。陈默也不愁，父亲早已为他联系好了一所国外的学校，到时候，他直接去国外读书，毕业之后回国接手爸爸的事业，人生之路一帆风顺。班上很多同学都很羡慕陈默，可陈默却一点也不觉得高兴。

陈默和几个好朋友在一起的时候，他们总会发出“人活着到底是为了什么”这样的疑问。这些朋友甚至包括模范学生杨海林，只不过杨海林随便叹叹，过后就忘了。

可是陈默不一样，这个问题一直纠缠在他的脑子里。有时候，他想：“难道是因为人生都被爸爸安排好了，才会这样？”而且，他一直很羡慕国外的教育和生活方式，老早就期盼着了。怎么现在快要去了，反而生出很多茫然？

反正是要出国了，高考参加不参加都无所谓，陈默就将时间花在了这个哲学问题上，到底自己想要什么样的人生？在网上，在图书馆，陈默看了很多的信息资料，这个说，人生是一个过程，一定要努力实现自己的梦想；那个说，人生就是一段旅程，一定要好好地享受生活……反正是众说纷纭，莫衷一是。陈默看来看去，一头雾水，还是找不到自己人生的方向。

思考了一段时间之后仍找不到答案，陈默放弃了，心想：反正也想不出个所以然，何必费那个劲，还不如好好玩一段时间再说呢。慢慢地，他又开始掉进网络游戏的陷阱当中去了。星期天，陈默来找杨海林一起玩，中午就在杨海林家里吃饭。吃饭的时候，陈默跟杨海林说起他最近玩的那个游戏，说得是眉飞色舞、唾沫横飞。杨海林爸爸在一旁皱起了眉头，高考在即了，还有心思玩游戏，杨海林爸爸将心里的想法说出来了。

“叔叔，我爸已经联系好了国外的学校。”陈默毫不在意，“我就等着高考完了出国去，人生就那么回事，现在不玩以后不一定有机会玩了。”

听到这话，杨海林爸爸眉头皱得更深了，说：“杨海林，陈默。”看着两个人抬起头来，杨海林爸爸才再次开口：“你们现在正处于一个很危险的年龄段，需要思考的问题太多，如果不把握好正确方向的话，很容易误入歧途。”

“爸，我知道你要说什么，好好学习，天天向上嘛，我们都懂的。”杨海林调皮地顶了句。

“不，光好好学习还不行。”杨海林爸爸不知道是没听出来杨海林话里有话呢，还是怎么着，一本正经地说，“现在科技那么发达，‘两耳不闻窗外事，一心只读圣贤书’肯定是行不通的。你们平时上网的时候，也要多浏览各种新闻，学会从各种信息中辨别真假善恶，培养自己独立思考的意识。”

鼓励孩子上网，这可不是一般父母能做到的。杨海林和陈默这下可洗耳恭听起来了，“一个人一生想做什么，想成就什么样的事业，这不是凭空得来的，而是在后天的学习、积累过程中慢慢得来的。越早知道自己想要什么，也就越能成功。你们现在还不知道自己想要什么，很茫然，这是正常现象。”杨海林爸爸说，“孩子们，学业对你们来说非常重要，所以必须要在这阶段打好基础，不断积累自己的人生财富，只有你学得多了，你才能更明白什么是自己想要的。这需要你们多方面吸取经验，学习知识，参与各种实践活动，从中寻找自己的理想、兴趣所在。人生确实是一段旅程，但是怎么走，却决定着你一路的风景。”

“说得好。”陈默竖起了大拇指，“叔叔，听您这一席话，我真的是深受启发。我们确实需要充实自己，不断努力，把控住自己人生的‘方向盘’，有方向才不会迷茫，才会有更大的希望。”

不光这些临近毕业的学生们感觉迷茫，其他的人又何尝不是呢？

时代的飞速发展不仅带来了经济的繁荣，很多人也在这五光十色的霓虹灯中迷失了自己，找不到人生的方向。不论是在何种情况下，如果不能确定自己人生的方向，或者不能朝着这个方向努力，那最后的结果就只有失败。

朋友们，人生的方向盘需要自己去把握，没有谁能代替你去走完自己的一生，我们要为自己而活。你的目标是否坚定，也取决于这个目标是否出于你真正的意愿，是否符合你的实际情况，是否真正扎根在你的内心深处。如果一个人没有目标和方向，那么他就会变得懒散、懈怠、毫无方向、积极性差，所以说方向对于人生有着很大的指引作用，可以说是我们前进的动力，我们一定要好好把控。同时，在朝着自己目标努力的过程中，不断修正自己的方向，才能自己掌握自己的人生。

做好自己，不要被他人左右

《伊索寓言》中有这样一个故事：一个老头和一个小孩子用一头驴子驮着货物去赶集。赶完集回来，孩子骑在驴上，老头儿跟在后面。路人见了，都说这孩子不懂事，让老年人徒步。孩子就忙跳下来，让老头儿骑上去。于是旁人又说老头儿怎么忍心，自己骑驴，让小孩子走路。老头儿听了，又把孩子抱上来一同骑。骑了一段路，不料看见的人都说他们残酷，两个人骑一头小毛驴，都快把小毛驴压死了，两人只好都下来。可是人们又都笑他们是呆子，有驴不骑却走路。老头儿听了，对小孩子叹息道："没法子了，看来我们只剩下一条路：我们扛着驴子走吧！"

故事中的一老一少过于在意别人的看法，因此最后不知所措，他们可以说是完全被别人牵着鼻子走。是的，不管你怎么做，你都无法满足所有的人，所以说，不要让他人左右你前进的方向，做好自己，让结果不留遗憾，这就已经非常不错了。

朋友们，想清楚，自己的方向是靠自己控制的，前进道路的选择权也在于你自己，别人可以给你建议，但是做主的还是你自己，所以说，快乐地做我们自己吧！按照自己的意愿去做人做事，我们就不必勉强改变自己，不必费心掩饰自己。这样，就能少一些精神的束缚，多几分心灵的舒展；就能少一点不必要的烦恼，多几分人生的快乐与轻松。

有一个姑娘叫珊珊，从小长得不是很漂亮，身材非常胖，跟同龄的孩子比起来年纪有点显大，一直以来内心非常自卑、敏感。珊珊的妈妈总是用自己的方法来打扮珊珊，让她感觉自己要比其他同龄的孩子大得多，珊珊也从来不和其他的孩子来往，她看起来非常害羞，总是独来独往。

后来，珊珊长大成人，直至结婚，她的性格也是没什么变化。珊珊总是躲在自己的壳里，跟老公的家人也很少交流，幸好老公家的人都非常好，他们鼓励珊珊走出自己的世界，希望她能变得开朗，但是他们所做的一切，总是令她紧张不安，有时她甚至害怕听到电话的声音。珊珊不愿意参加各种活动，对于那些实在推不掉的应酬，表面上珊珊看着比较高兴，但是她的眼神里总是充满着恐慌。珊珊很在意他人的看法，如果看到别人在窃窃私语，她就会认为大家在议论她，如果别人多看她一眼，她就会认为那人是嫌她胖，或者是厌恶她的穿着。每一天的生活对珊珊来说都很难受，她觉得生活没有意义。

看到珊珊的现状，她的婆婆非常着急，有一次就跟珊珊谈话，询问珊珊到底怎么想的。交流一番之后，婆婆明白了她的心思，也给了珊珊很多建议。最后，婆婆说："珊珊，每个人都是独一无二的，那么，我们就应该保持自我，也就是说保持自己的本色，这样你才会活得轻松快乐啊！"这句话让珊珊恍然大悟，她明白她总是生活在别人的世界中，总是用别人的眼光，别人的模式去要求自己，根本就没活出真实的自我来。

从此以后，珊珊就变了。她开始重新审视自己，在乎自己的想法和看法，她选择适合自己的穿衣风格，她主动接听电话，甚至主动联系朋友，参加各种活动，虽然还是有些紧张，但是她已经能有勇气在活动中发言了。珊珊说：“每个人都在主动接近我，我看到他们真的很亲切，很开心。”老公一家也很欣喜珊珊的变化。

爱默生在散文《自恃》中写道：“每个人在受教育的过程当中，都会有段时间确信：物欲是愚昧的根苗，模仿只会毁了自己；每个人的好坏，都是自身的一部分；纵使宇宙充满了好东西，不努力你什么也得不到；你内在的力量是独一无二的，只有你知道自己能做什么。”朋友们，我们要明白，最精彩的活法就是保持自我。没有了自我，何谈生活？我们每一个人都是独一无二的，我们都有自己的生活需要经营。所以说，做好自己，把控住方向，不要被他人左右，活出最精彩的人生。

忽略掉那些不快乐的事情

英国著名作家狄斯累利深刻地指出：“为小事而生气的人，生命是短暂的。”一个人过多地纠缠于小事很容易变得不可理喻，失去人格魅力。所以说，对于无关紧要的小事我们要懂得忽略。学会了忽略才会有更多的空间去做重要的事，才会活得更加轻松、快乐。

有这样一个经典的哲理故事，相信大家会深受启发：

两个朋友在沙漠中旅行，旅途中他们为了一件小事争吵起来，其中一个还打了另一个一记耳光。被打的人觉得深受屈辱，一个人走到帐篷外，一言不发地在沙子上写下："今天我的好朋友打了我一巴掌。"

他们继续往前走，一直走到一片绿洲，停下来饮水和洗澡。在河边，那个被打了一巴掌的人差点被淹死，幸好被朋友救起来了。在被救起之后，他拿了一把小剑在石头上刻下了："今天我的好朋友救了我一命。"他的朋友好奇地问道："为什么我打了你之后，你要写在沙子上，而现在要刻在石头上呢？"

他笑着回答说："当被一个朋友伤害时，要写在容易忘的地方，风会负责抹去它；相反，如果被朋友帮助，要把它刻在心灵的深处，那里任何风都不能磨灭它。"

我们会面临许许多多的事情，有开心就有难过，这都是情理之中的事情。虽然我们左右不了事情的发生，但是我们可以左右自己的内心。学会丢弃，当所有不好的事都被你丢弃在发生的那一刻时，下一刻，就代表着幸福和快乐。

李民勇是一位努力上进的年轻人，今年28岁了，在外人看来他总是透露出满满的快乐感，很让朋友们羡慕。朋友们不知道他都是从哪里找来R　那么多快乐，于是就自我判定一定是老天眷顾于他，让诸如烦恼、忧伤的事情躲着李民勇走。

鉴于他不断的努力和良好的工作成绩，李民勇很快就在一家公司坐到了部门经理的职位。最近一段时间，公司决定给他升职，可是却发生了件意想不到的事情——有人以李民勇的名义给有关部门写信，举报公司上层某位重量级人物的经济问题。一时间，事情可谓是炸开了锅，公司里人心惶惶，事情闹得很大，背地里关于他的言论可以说是一片混乱。几经权衡后，李民勇辞掉了工作。

待李民勇辞职后，一个很要好的朋友王林才听说了他的遭遇，于是想请民勇一起吃顿饭，打算安慰、开导他一下。王林认为民勇一定会因为此事而苦闷伤感，可当王林打电话找他时，才知民勇正在江南一带游玩。几个星期之后，民勇从外面回来了，他和王林很快坐到了一起。吃饭的过程中，李民勇告诉朋友，当初自己在公司的那件事情已经查清楚了，他的罪名已经被洗清，领导想让自己回去上班，但是他已经决定去别处就职了。

王林问民勇，对于当时升职的时候被人陷害是否觉得生气或者是惋惜？民勇却表示，如果没有这个意外，他也遇不到现在这么好的公司，新公司在任何一个方面都比原先公司好得多，他此时只感到满足与高兴，丝毫看不出他的愤怒。王林继续问他知不知道是谁在嫁祸他，恨不恨那个人。还没等民勇回答，他的手机响了，他接听起电话，和对方寒暄了几句后，他突然急切地对对方说道："我一点都不想知道是谁，您可不要说出口。"

对于这个问题的答案，没想到民勇竟然一点都不在乎，王林着实吃了一惊。民勇这时笑着对王林说道："这都已经是无关紧要的小事了，我不想记挂在心上，浪费自己的时间去记恨一个人。既然已经发生了，那就让它成为过去吧。这件事我也是因祸得福，我会不断总结里面的经验，记住这个教训，这就足够了。一个人的心就那么大，我要节约着用，少装一分仇恨，就能多装一分快乐。"

是的，我们要学会忽略，忽略人生中那些不快乐的事情，那些无关紧要的事情，腾出自己的心，装下更多的欢乐，轻松地去做自己想做的事，做人生中最重要的事情。

第 4 章

努力一把，你若盛开蝴蝶自来

生活中，很多事情就是你以为自己尽力了，实际上没发现自己发展的空间还有很大。许多人都待在舒适区里不愿意跳出来，他们自以为已经尽力了，足够了，所以也就停止了脚步。与其止步不前，不如逼自己一把。

结合时局，为自己创造机遇

什么是机遇？其实机遇是一种有利的环境因素，让有限的资源发挥无穷的作用，借此更有效地创造利益。所谓“谋事在人，成事在天”，说的是事业的成功在于两方面的因素，一是主观努力，二是客观机遇。很多人在生活中因为抓不住机遇而总是徒留遗憾，最终后悔莫及。是的，机遇就像我们指缝间的时间，稍纵即逝，所以说，当机遇走到我们身边的时候，我们一定要在有限的时间内好好地把握住它。

《飘》这部文学名著在文学史上产生了很大的影响，根据《飘》改编的电影也很受人追捧，其中因扮演女主角郝思嘉而大放光彩的费雯丽也得到了很多人的喜爱。但是我们或许不知道，在接下这个角色之前，她其实只是一个不受瞩目的小演员。她之所以能够因此一举成名，就是因为她大胆地抓住了表现自我的良好机遇。当《飘》开拍时，女主角的人选还没有最后确定。毕业于英国皇家戏剧学院的费雯丽当即决定争取出演郝思嘉这一角色。“怎样才能让导演知道我就是郝思嘉的最佳人选呢？”这个问题困扰着她。

费雯丽想了很多方法，最终她做出了一个决定，她要自己向制片人举荐自己，证明她是最合适的人选。一天晚上，刚拍完《飘》的外景，制片人大卫又愁眉不展了。正在自己郁闷的时候，他看到楼梯上走下来两个人，那位男士他认识，可是那个女士怎么这么陌生呢？只见她一手扶着男主角的扮演者，一手按住帽子，居然自己把自己扮演成了郝思嘉的形象，那双明亮的眼睛，那纤细的腰肢，无不让人们惊艳。当时大卫感到非常地好奇，她的举止有一种似曾相识的感觉，正在这时，男主角兴奋地向他喊了一声：“喂！请看郝思嘉！”大卫一下子惊住了：“天呀！真是踏破铁鞋无觅处，得来全不费工夫。这不就是活脱脱的郝思嘉吗？！”于是，费雯丽被选中了。

这就是懂得为自己创造机遇的典型案例，费雯丽用自己智慧去制造机会，因而接下女主这一角色，从而一举成名。朋友们，机遇是非常重要的，我们要懂得为自己去创造良好的条件，这样才能更好地达成我们的目标，实现我们的愿望。

很久以前，住在伯利恒的大卫还是一个小孩子，他有八个强壮的哥哥。

虽然他只是一个孩子，但他长得英俊而强健。当哥哥们去山上放羊的时候，他也跟着一起去。大卫就这样一天天长大，后来，他开始照看一部分羊群。

有一回，当大卫躺在山坡上看羊的时候，突然，一头狮子从森林中冲出来，并叼走了一只羊。大卫想都没想，就去追赶狮子，他纵身一跃，跳到了狮子的身上，抓住了狮子的鬃毛，他赤手空拳就杀死了那头狮子。

随后不久，战争爆发了，扫罗王召集军队去迎战，大卫有三个哥哥随扫罗王出征了，大卫由于年纪小，只能留在家里。一个半月后，大卫借着送食物的名义来到军营，当他到达那里时，只见喊声震天，军队正严阵以待，而对面的山坡上，一个大巨人正大踏步来回地走动着，炫耀着自己的强壮与勇猛。

以色列没有一个人敢前去迎战的，大卫想上前去挑战一下："我要去迎战那个巨人，以色列神将与我同在，我不会害怕的……"大卫的哥哥想封住他的嘴，但来不及了，一旁早有人跑去报告给了扫罗王。

国王下令召见大卫，当大卫被带到扫罗王跟前时，扫罗王看到他是个孩子，便想劝阻。但是，大卫向国王讲述了他如何赤手空拳杀死狮子的事迹，并信誓旦旦地说："既然上帝能让我战胜狮子，那个巨人也没什么可怕的！"

国王允许了："去吧，孩子，上帝与你同在！"

国王要把自己最好的武器赐给大卫，但被他拒绝了。大卫拿出自己的家伙，拎起牧羊童的袋子，背着投石器，就离开了以色列军营。接着，他又在小溪边挑选出了五块圆滑的石子，然后就去迎战巨人了。巨人见到对方只是个孩子，便压根儿不把他放在眼里。面对对方那庞大的身躯，大卫一点儿也不害怕，他勇敢地喊道："开始吧，拿好你的矛和你的盾。今天，上帝既然把你交到我的手中，我就一定会将你打败的！"

巨人冲向大卫，大卫一扭身子，躲过了巨人的庞大身躯。接着，他把手伸进袋子，掏出一块圆滑的石子，然后将其装上投石器，同时，紧紧地盯着巨人前额上头盔的连接处，拉起投石器，用强健的右臂将石子掷了出去。只听"嗖"地一声，石子重重地击中了巨人的前额，巨人轰然倒地。一瞬间大卫飞奔过去，拔出剑，把巨人的头割了下来。

巨人死了之后，以色列军队士气大增，纷纷冲下山坡，杀向向四处逃散的非利士人。

战争结束后，扫罗王把大卫召来，并对他说："你不用回去了，你将成为我的儿子。"

大卫就留在了扫罗王的营帐，很多年后，他取代了扫罗王，成为新一任国王。

机不可失，时不再来，我们每一个人都明白这个道理，可是做到的又有几个呢？抓住了机会，我们就可能乘风而起，登上成功的巅峰；如果错失了机会，我们就可能会与唾手可得的成功擦肩而过，因而懊悔不已。你不理机遇，机遇也不会理你，那么你离自己的梦想就会越来越遥远。当机遇来临时，我们一定要紧紧地抓住，当没有机遇的时候，我们也不要苦苦等待，无所事事，我们要结合时局为自己创造机遇，这样我们才能成为一个有所收获，有所成就的人。

如果有一件事情要做，立即就干

艾伦一直有一个毛病，办事情总是拖拖拉拉，不仅在生活上是这样，在工作上也不例外。例如，在工作中艾伦常常会积压一大堆来信。如果第一封信中涉及一个棘手的问题，艾伦就把它搁置一旁，找一封容易答复的信去处理。就这样，没多久的时间，艾伦手头那些没有回复的信已经堆了好几包了。可是在艾伦眼里这是没办法的事，他感觉无法改变。

对此，曾有人告诉过他："不要以为拖拖拉拉的习惯是无伤大局的，它是个能使你的抱负落空、破坏你的幸福、甚至夺去你生命的恶棍。"

是的，或许在艾伦看来这不是大事，他也无心改变，但是我们却不能把这种习惯当成是一种独有的个性，也不要觉得自己改变不了这种现状。其实，拖延对我们来说是一个非常严重的坏习惯，正如别的习惯一样，它也同样可以被改正。所以，有人建议艾伦："你不应当回避那些棘手的信，应当首先处理它们。你因此而得到的鼓舞会使剩余的任务迎刃而解的。”

后来，艾伦听从了大家的意见，也认识到了事情的严重性，他决心改掉这个毛病，直到彻底战胜它为止。艾伦不断向身边的人学习，他自己也掌握了一个原则：如果有一件事情要做，立即就干。最后，艾伦终于成功地改掉了拖拉的恶习。

拖延让我们的惰性越来越强，拖延让我们的借口越来越多，拖延让我们成事越来越少。总之，拖延就是潘多拉的魔盒，一旦打开，就会把我们推向无底深渊。如果你还想做一个有上进心的人，如果你不想蹉跎你的人生，那么就不要为自己的拖拖拉拉找借口了。

程刚和李寒是大学同学，关系比较好，于是毕业之后他们去了同一家公司面试，幸运的是两人都被该公司录取。因为刚毕业没什么经验，所以一开始，公司给他们开出的薪水都很低。面对低薪，程刚愤愤不平，于是在平时的工作中，程刚总是埋怨、推卸责任，还利用工作时间和同事闲聊，把工作丢到一旁毫无顾忌。渐渐地，程刚做事变得拖拉起来，效率低下，要他星期一早上交的方案，到星期二早上依然未做完。经理批评他，他就带着情绪工作，把方案做得一塌糊涂。再后来，程刚接到工作任务时，不是考虑如何把工作做好，而是一开始就在想如何开脱、推卸责任。

李寒则不同，他虽然对低薪也感到不满，但他并未一味地去抱怨、闹情绪。在李寒看来，机会来自于汗水，一分耕耘一分收获，只有今天的努力，才能换来明天的收获。李寒懂得多利用时间学习，他经常在车间走动，熟悉制作工艺，学习产品生产流程，即使汗流浃背，也一丝不苟。长时间下来，李寒的负责、勤奋、好学引起了厂长的注意。不久，李寒就被提拔为厂长助理，而程刚因为对工作总是一拖再拖，最后被公司解雇了。

担任助理一职后，李寒依然积极主动，认真负责地处理厂里的每一项事务，分内的、简单的事，他总是第一时间完成；重要的、紧急的、需要领导决策的事情，他会及时向厂长汇报，并督促各部门坚持及时把工作做好，做到位。在李寒的组织管理和协调下，公司的生产效率得到了极大的提高。

工作中很多人喜欢拖拖拉拉，好像自己赚了便宜一般。他们觉得这是一种明智之举，这样做不但会使自己的工作变得轻松，而且所得到的报酬也不会因此而减少，那么又何乐而不为呢？可是他们却没有发现，他们已经把自己推到了懒惰、平庸、枯燥、失败的边缘。

工作中因拖延而丧失斗志，生活中也因为拖延而浪费时间的人也是不在少数。很多人总是这样想，“等我富裕了，我一定带着我的父母到各国转一转；等我有时间了，我要去看看我之前的小伙伴；等我条件再优秀一点，我就对我喜欢的女孩表白；等到下一个春天到来，我一定会陪你去看最美的风景……”等着，等着，时间都过去了，而我们到底实现了几个当初的愿望，又兑现了多少诺言呢？其实很多事情我们都想做，可是都没做，我们总是在等待最恰当的时刻。事情就这样一天天、一次次地拖着，在拖延的过程中，我们蹉跎了岁月，我们也留下了遗憾，时间不等人，拖延让我们可以做的事情越来越少。所以不要拖拖拉拉，有什么事情就尽早去做吧，不要让拖延的毛病导致自己一事无成。即刻去做，不仅能提高你的办事效率，也是一种良好的生活习惯，更能体现出一个人对生命的尊重。

靠的是自我努力，而不是自我放弃

罗勃特·史蒂文森说过：“不论担子有多重，每个人都能支持到夜晚的来临；不论工作多么辛苦，每个人都能做完一天的工作，每个人都能很甜美、很有耐心、很可爱、很纯洁地活到太阳下山，这就是生命的真谛。”是的，生命是美好的，只是每个人看待事物的心情不同罢了。很多人遇到挫折或磨难时，总是会失去生活的信念，轻易放弃，甘愿堕落，但是他们却不知车到山前必有路，只要自己努力去改变，希望其实就在不远处，人们所经历的一切只不过是对自己更好的磨练罢了。所以说，不论何时，不要轻易说放弃，相信大家都应该明白：成功者决不放弃，放弃者绝不会成功。要想拥有自己的一片明朗的天空，靠的是自我努力，而不是自我放弃。

丽莎和艾文是一家大公司的职员，可是有一天公司传来消息打算裁员，在名单中，出现了丽莎和艾文的名字，按规定一个月之后她们必须离岗，当时她俩的眼眶就红了。

次日，她们来到公司，收到被裁员的消息之后两个人心里还是很不舒服的。丽莎的情绪仍然非常激动，跟谁都没有什么好神色。可是丽莎不敢找老总去发泄，只能跟主任诉冤，找同事哭诉："为什么是我？我一直尽职尽责地工作，公司这样对我真的是太不公平了。"

丽莎声泪俱下的样子，人们看来也是非常心酸，可是又不知如何安慰她，而丽莎也只顾着到处诉苦，以至于对她的分内工作：传送文件、收发信件等都不再过问了。

丽莎其实一直以来都是一个很不错的同事，平时和大家相处得也很好。可是最近消息下来之后，丽莎活脱脱变了一个人似的，整天气愤抱怨，许多人都开始有些怕和丽莎接触，躲着她，后来就有点厌烦她了。

艾文和丽莎的心态却是截然相反，在裁员名单公布之后，当天晚上艾文泣不成声，但是想了一夜之后，她的心态有所转变，她觉得事情已经成了定局，不如欣然接受，她就和以往一样地工作了。由于大家都不好意思再吩咐艾文做什么，艾文便主动向大家揽活。面对大家同情和惋惜的目光，艾文表现得非常淡然，她总是一笑带过说：“事情就这样了，没办法挽回还不如欣然接受，抱怨也没用，只是浪费时间和精力，与其这样还不如干好最后一个月，以后想干恐怕都没有机会了。”每天，艾文还是像之前那样勤快地打字复印，随叫随到，坚守在自己的岗位上。

一个月后，丽莎如期下岗，而艾文却被从裁员名单中删除，留了下来。领导当众传达了老总的话：“艾文的岗位，谁也无可替代，艾文这样的员工，公司永远不嫌多！”

抱怨能改变什么？只不过会让身边的人反感，让自己一味地消沉。与其这样，还不如尽最大力量去改变自己，丰富自己。如果自我放弃，那么没有人能帮助我们。所以说，在我们身处逆境的时候，不要堕落；在我们痛苦不堪的时候，不要绝望；在我们迷茫彷徨的时候，不要丧失斗志，我们一定要一遍遍告诫自己：“全世界都可以放弃我们，但是我们却不可以放弃自己。”这是对自己的鼓舞，更是对自己尊严的敬重。

对自己狠一点，你才更优秀

有句话说得好“不逼自己一把，你永远不知道自己有多优秀”，是的，有时候我们就是对自己太过纵容，反而无法激发出自己的潜能，在很多难题的处理上就看不到自己优秀的处理能力。每个人都有潜能，一个人的潜能靠激发才能挖掘出来；一个人，必须要通过磨练，才能活出自己。一个人如果不逼自己一把，永远都不知道自己有多能干，所以说，不要老是为自己的不努力找借口，在困难面前也不要为自己的怯懦找退路。做一个强者就要敢于突破自己，对自己狠一点，这样你才能更加优秀。

曾经有一位年轻人，从小家里就非常贫困，迫于生活的压力，十几岁的时候他就不得不到处推销保险。在工作的第一天，他就只身一人去跑客户，当他走到一座大楼面前时，抬头看着这高耸的大楼，环顾这人来人往的道路，他真的是非常得紧张，也是非常得害怕。可是，这时他想起了自己的座右铭："如果你做了，没有损失，还可能有大收获，那就下手去做。马上就做！全力以赴！"

生活困窘的他逼迫自己走进了大楼，尽管他很害怕会被人踢出来，但这样的事情没有发生。

每当他踏进一所办公室的时候，他都用自己的座右铭来激励自己，为自己加油打气。不管自己多么紧张，他都逼迫自己要坦然去面对，因为他要生活，他知道自己没有退路。

第一天，他卖出了2份保险，虽然不算太成功，但在了解自己的性格和工作方式方面，他却收获颇丰。

第二天，他卖出了4份，第三天增加到6份……从此之后，他终于找到了自己的方法，他在一步步走向成功！在他看来，一个人只要逼自己一把，不要逃避，那么再大的困难也会度过，马上行动，全力以赴，你就能成功！

这个年轻人就是美国著名的推销大师克里蒙。

朋友们，我们不要无视自己的能力，其实我们每一个人都是很棒的，只不过有的人付出了行动来证明自己，而有的人在困难面前不知所措罢了。其实，古时候作战，经常用的一个计策是“置之死地而后生”：将士兵们引入没有退路的绝境，促使他们竭尽全力、勇往直前，直至打败敌军赢得胜利。这就是为了不给自己找退路，要想活着，就必须豁出一切逼迫自己向前冲。破釜沉舟的故事说的正是这一点。

秦朝末年，赵王赵歇的军队被秦军大将章邯围攻，在巨鹿陷入秦军的包围中，危在旦夕。当时，楚怀王任命宋义为上将军，项羽为副将军，前去救援赵国。

宋义本是一个胆小无能、自私自利之人，他用花言巧语迷惑楚怀王，取得了楚怀王的信任，并获得了上将军的职位，但是，真正到了战场上，他却非常害怕和秦军交锋。于是，在将士们一个个摩拳擦掌，准备与秦军拼杀时，宋义只是躲在帐中饮酒作乐，迟迟不下令进攻。

项羽在多次劝说无果后，忍无可忍，冲进帐中杀了宋义，并说他叛国反楚。之后，楚军众将士便顺势拥立项羽为上将军。

之后，项羽带领军队，全军出发，前往巨鹿为赵国解围。在全军渡过黄河之后，项羽命令士兵每人带上3天口粮，然后砸碎了军中全部的锅。命令下达后，将士们都愣住了，项羽说道："没有了锅，我们就可以轻装上阵，以最快的速度去解救危在旦夕的盟军。至于吃饭的问题，等我们打过去，再到章邯的军中去取锅做饭吧！"

之后，大军又渡过了漳河，项羽又命令将士们将所有的渡船都砸破，沉入河中，同时还烧掉了所有的行军帐篷。

将士们一看，所有的退路都没有了，打赢了便能够带着荣耀活着回来，而打输了便只有死在战场上了。于是，所有的将士们都奋勇向前，以一当十，与秦军展开了厮杀。在战场上，杀声震天，楚军将士越打越猛，直杀得战场上血流成河。最后，经过多次交锋，楚军终于大败秦军，赢得了这次著名的以少胜多的战役，也正是这次战役奠定了项羽日后的霸主地位。

逼自己一把，你就能看出自己有多优秀；逼自己一把，你才不会总给自己找退路。朋友们，如果遇到困难，我们不要总想着逃避，说不定向前走一步就能找到解决问题的方法。不要太宠着自己，因为你会把自己惯坏的。多一点磨炼，才能多一点成长；多一点努力，才能多一点成就。

第5章

勇往直前，毫不退缩才会成功

什么是路？路就是从没路的地方踩踏出来的，从只有荆棘的地方开辟出来的。面对生活，越退缩，越失意，生活并不是用来妥协的，你退缩的越多，留给自己喘息的空间就越少，你可以前进得慢，但决不能退缩。

心存希望，迎难而上才能铸就辉煌

希望是漆黑夜晚中的一丝丝亮光，那亮光就在前方，只要我们勇敢地向前走，就可以触摸到它。希望是心中涌动的激情，是风雨不摧的自信，心存希望就会拥有未来。面对眼前的困境，请相信：这个世界根本没有真正的失败，只有暂时的不成功。只要你始终不放弃希望，你就一定能够跨越失败，走向成功。

高尔基曾经说过："太阳是幸福的，因为它光芒四射；海也是幸福的，因为它反射着太阳欢乐的光芒。"其实，希望的阳光可以穿透悲伤的黑暗，关键在于我们自身怎样去看待，怎样去把握。一个人只有心存希望，才会明白生活的意义是什么。

俗话说："留得青山在，不怕没柴烧。"这句话包含着深刻的人生哲理，向我们传达了一种"希望在，成功就在"的积极人生观。所有的不幸终会过去，有希望，才会有成功。

迎难而上，这样才能使自己与智慧结下缘分，让磨难铸就出辉煌人生。

沈兼士先生曾说“当失败降临的时候，也是我们最应该感到庆幸的时候，因为我们结束了一条不可能走到尽头的路，从而回到了正确的轨道上来。”这句话告诉我们：人生的路再坎坷再崎岖，只要我们的心仍然燃烧着希望之光，就永远不会无路可走。正所谓“山重水复疑无路，柳暗花明又一村”，世间没有死胡同，就看你如何去寻找出路。正视困境，不在困难面前退缩，才不会让心灵荒芜，才不会无路可走。

霍金教授的身体状况众所周知。21岁的时候，他被确诊患有罕见的、不可治愈的运动神经病ALS，也叫作肌萎缩性脊髓侧索硬化。1963年，医生说他只能活两年半，并且随着病情的恶化，他将失去所有的活动能力。然而，这种致命的打击并没有击倒霍金，他也并没有因为自己丧失所有活动能力而否定自己的价值。

霍金自称：“幸亏我选择了理论物理学，因为研究它用头脑就可以了。”霍金虽然不能用笔和纸工作，却可以借助可用图形描绘在纸上的精神图像表达他的思想。霍金的方法使较传统的需要假说、实验和观测的科学方法更加直观。由于霍金无法发声，他只能借助声音合成器来发声，这一组合十分费力，所以他的讲演风格既简练又准确，言简意赅。

然而，霍金不仅坚强还十分有勇气。对于爱因斯坦关于宇宙创生的名言“上帝不掷骰子”，霍金的回答是：“爱因斯坦错了。上帝不仅掷骰子，而且有时候在看不见骰子的地方掷骰子。”还有谁在当时有胆量向阿尔伯特·爱因斯坦发起挑战？通过自身不断的努力，霍金克服了身体上的痛苦，完成了极其伟大的科学成果，他提出了黑洞理论，将理论物理学提高到了一个新的层次。为此，霍金被选入伦敦皇家学会——卡尔·萨根称之为“我们这颗行星上历史最悠久的学术组织之一”。在传统的授职仪式上，霍金忍受着身体的痛苦，把他的名字添进其光荣榜上——有伊萨克·牛顿的签名的书中。观众们屏住声息，直到霍金完成最后一个字母，然后热烈地鼓起掌来。

1979年，霍金被任命为卢卡斯数学教授——这个曾被牛顿获得的荣誉职位。

霍金的成功离不开他积极生活的信念，面对生命的不公平待遇，他永不屈服，没有用一种绝望的心态对待自己的一生，所以他的人生不会因为疾病而走入死胡同。

在现实生活中，有一个肯尼的故事。

1973年12月，肯尼出生于美国宾夕法尼亚州拉昆村。当母亲看到婴儿只有半截身体时，哭得死去活来。做父亲的比较冷静，再三安慰妻子：“我们要面对现实，不要绝望，生命还在，希望还在。”

肯尼1岁半的时候做了两次手术，腰以下的神经无法恢复，连坐都成了问题。医生却劝肯尼的母亲：凡事要尽量靠他自己的意志和能力去做。母亲接受了医生的忠告，尽量让肯尼料理自己的事情。数月后，肯尼竟奇迹般地坐了起来，不久，他开始尝试用双手走路。

肯尼开始上学了，每天都要装上重达6公斤的假肢和一截假胴体。坐着轮椅上厕所很不方便，每次都有同学帮助他。在这样的环境熏染下，肯尼的心灵得到了极大的净化，他爱生命，爱身边的每一个人。

肯尼是个摄影迷，一有空，他就挂上相机，摇轮椅到附近的公园去。他一边给人拍照，一边说："你的眼睛真漂亮，等照片洗出来我要挂在房间里做装饰。"说得姑娘们喜滋滋的，他帮妈妈买东西，有时也替邻居洗车、剪草。这对一个没有下肢的人来说，要有多大的毅力啊！

如今，肯尼已经是小影星了，他成功地主演了影片《小兄弟》。

1988年10月，肯尼去台湾访问，在金龙奖颁奖会上，他对记者说："我在生活中没有困难，遇到困难就和大家一样，找出方法解决。"

如果命运折断了希望的风帆，请不要绝望，岸还在；假如命运凋零了美丽的花瓣，请不要沉沦，春还在。生活总会有无尽的麻烦，请不要无奈，因为路还在，梦还在，阳光还在，我们还在。人生没有绝境，很多时候，上帝在给你关上一道门的同时，会为你打开一扇窗。

人生没有让你绝望的路，只有让你绝望的心。“宝剑锋从磨砺出，梅花香自苦寒来”，经历磨难是获得成功的一种方式。不懂得在痛苦中丰富和提高自己的人，多半是愚蠢和懦弱的。当我们遇到种种挫折和问题之时，既不应回避，也不应沮丧，而应正视困境，多想办法，迎难而上，这样才能使自己与智慧结下缘分，让磨难铸就出辉煌人生。

放慢脚步，一步一个脚印

“当我们正在为生活疲于奔命的时候，生活已离我们而去。”英国歌手约翰·列侬的话无疑成了现代人快节奏生活的写照。与此同时，一个困扰我们的问题是：在快节奏的生活里，我们好像一直在马不停蹄地赶路，却也在马不停蹄地错过。我们经常急于求成地想一下子拥有一切，却已经忘了一个坚实脚印的重要意义是什么。所以说，请放慢一下脚步，慢一点不要紧，要紧的是要保证自己的心一定要在前行的路上。

大学时期，阿伦还算是一个比较沉稳的男孩子，可是毕业以后，面对如此大的竞争压力，阿伦渐渐地变得就像是上紧了发条的闹钟，又像是一个高速转动的陀螺，一刻也不停歇地奋斗着。阿伦家庭条件不是很好，所以没有多大的经济支撑，他深知自己要想在上海这个国际化大都市站住脚，就必须付出比常人更多的努力。此外阿伦还有一个深爱他的女朋友小琪，阿伦想努力争取给小琪一个安稳的家，他想给父母更为宽裕的生活，他更想给未来的孩子打下良好的经济基础，使他以后不必像自己这样辛苦地奋斗。可是这些任务都没有完成，一切都很渺茫，所以这些事情就好似石头一样压在阿伦的心上，使他迫不及待地想要去实现它们。然而，也许是造化弄人吧，阿伦越是着急，事业就越是不顺利。

大学毕业后，阿伦进了一家外企工作，他每时每刻都在给自己施加压力，整天在公司里忙得焦头烂额，对于他的表现很多外国朋友感到非常不明白，他们觉得阿伦好似没有别的兴趣爱好，就是一直在埋头奔波。同时阿伦在工作上的极度努力又使他们感受到巨大的压力，每当看到阿伦主动加班的身影，同事们都挤眉弄眼地，最终阿伦虽然工作表现很好，但是还是被辞退了。其实，阿伦不知道，他的努力给了太多同事压力，使他们都不得不打乱自己的生活，陪着阿伦一起加班。

看着小琪担忧的目光，阿伦笑着说：“小琪你不要难过，我会努力的，既然他们不接受我，我可以自己创业！”于是阿伦就拿着工作一年辛辛苦苦积攒的资金，再加上从父母那里借到的钱，在家附近租了一个小摊位，开始做手机生意。其实阿伦也没有什么经验，内心又一直着急，他的生意始终不见起色，慢慢地自己投入的钱都一去不复返，一急之下，阿伦病倒了。看着躺在病床上的阿伦，小琪郑重其事地说："阿伦，这次生病是一个警示，你之前过得太过于焦虑，到处奔波把自己累倒了。我告诉过你，我们刚刚毕业要慢慢来，好好静下心来做好工作，不要急于求成，过度难为自己，你要坚持一步一个脚印地去奋斗，别想着一口吃个大胖子，这样才能为以后的成功打好基础。我并没有要求你必须买房子，因为我们租房子也可以结婚，也可以生活。但是，假如你出了什么事情，我就肯定不会幸福了。所以，我希望你为了我，为了你的父母，珍惜自己的身体。要知道，很多事情强求不来，只能水到渠成。只要你尽力去做了，不管结果如何，你都是成功的。希望你以后不要像个拼命三郎一样，我们还年轻，还有很多时间去奋斗、去拼搏，还有很多人生之中美好的事情值得我们一起体会。"在听完小琪的劝说之后，阿伦似乎想明白了很多，阿伦终于明白很多问题并不是心急就能够解决的。在小琪的陪伴和照顾下，阿伦把自己的生活节奏进行了调整，一边努力工作，一边抽出时间回家陪伴父母，陪伴女友。

如今，阿伦的心中已经没有了那么多杂念，唯一的心愿就是认真地活好每一天。经过几年的努力，现在的阿伦在一家公司已经做到了经理的职位，生活和事业都非常顺利。

也许你会问，在竞争如此激烈的年代，哪儿有资本慢下来啊？其实不然，“慢生活”并非让你放弃自我、无所事事，它与物质的富有程度也没有多大关系。慢生活中的“慢”更多的是一种健康的心态，一种积极的生活态度。但凡急功近利者往往会错失成就事业的最佳时机，这样的人活得太累，不可能有真正的快乐和幸福，我们切不可成为这样的人。

不退缩，你会更加强大

温斯顿·丘吉尔曾说：“一个人绝对不可在遇到危险的威胁时，背过身去试图逃避。若这样做，只会使危险加倍。但是如果面对它毫不退缩，危险便会减半。绝不要逃避任何事情，绝不！”一个人的人生之路不可能总是平坦的，总有曲折甚至是障碍让你不断地跌倒。跌倒并不可怕，可怕的是跌倒之后爬不起来，尤其是在多次跌倒以后失去了继续前进的信心和勇气。我们应该勇敢地站起来，做一个永不退缩的强者，清理好身上的泥土，继续上路。

笑笑刚学溜冰，小心翼翼，非常地紧张，走不了几步路就摔得非常难堪。笑笑伤心地坐在地上，眼里含着泪，看到别人都做得那么好，笑笑感觉非常地难受和自卑。

这时候，好友琳娇滑到笑笑面前，将她扶起来，亲切地对她说：“笑笑，溜冰要不怕摔跤，这可是一项从摔跤中走向成功的运动。从现在起，你要准备好摔五十跤，然后你就会溜了。”

笑笑：“真的吗？”

琳娇肯定地点点头。

于是笑笑坚定地站起来，迈开了步。

一跤，两跤……每跌一跤，笑笑前行的脚步就越发地坚定，她明白，这一次次的失败就是为最后的成功做铺垫的。

数到第二十跤的时候，笑笑便再也不用往下数了。

如果笑笑因为内心的小纠结而放弃的话，那么她就永远学不会溜冰。在朋友的鼓励下，笑笑敢于面对自己的失败，没有退缩，勇敢地重新站起来，所以她终于学会了溜冰。所以说，当你从心底里接受失败，不怕失败，那么你的力量就会更加强大。

有这样一个男孩，他出生在美国的波士顿，从小就遭受命运的不公平待遇，三岁时，他失去了自己最亲的人，一时变成了一个可怜的孤儿。后来，当地一位做烟草生意的商人收养了他，并送他上学读书。善于经商的养父始终不理解爱写诗的他，更不喜欢他，常常骂他是个“白痴”。长大后，他的浪漫不羁与养父的循规蹈矩形成了鲜明的反差，两人不可避免地发生了激烈的冲突，最终他被赶出了家门。

后来，他进了美国西点军校就读，酷爱写诗的他竟然无视校规，不参加操练，而被军校开除，从此以后，他用写诗来打发自己的时光。

在他26岁时，他遇见了生命中最重要的女人——表妹唯琴妮亚。两人不顾世俗的眼光与阻挠，相爱并很快结婚，这是一段令他刻骨铭心的时光，也是他一生中最难以忘怀的美好回忆。

婚后，因为贫困潦倒，他们甚至连每月3美元的房租都无法支付，常常饿着肚子。体弱的妻子因为不堪重负而病倒了，他只能眼睁睁地看着，无能为力。很多人嘲笑他、讥讽他，说他是个十足的“穷鬼”，连自己的妻子都养活不了，而她的妻子面对人们的讥笑，始终对他不离不弃，他们用真爱演绎了世间上最牢固的爱情。

在这样困苦的环境中，酷爱写诗的他始终没有放弃手中的笔，每天都在疯狂地写诗，将自己对妻子的爱深深地融入到文字中。他渴望有朝一日能改变现状，让妻子过上好的生活。就是这种强烈的渴望支撑着他，让他忘记痛苦，忘记世间所有的不快，一心只想着要“成功”，要“奋斗”。

然而，尽管他从未放弃努力，但深爱他的妻子还是带着眷恋与不舍离开了他。几近崩溃的他忍着悲伤的泪水，把对妻子所有的爱恋都付诸笔端，终于写出了闻名于世，感人肺腑的经典诗作《爱的称颂》，并最终获得了巨大的成功。

“每次月儿含笑，就使我重温美丽的‘安娜白拉李’的旧梦；每次星儿升空，就像是我那美丽的‘安娜白拉李’的眼睛，因此啊！整个日夜我要躺在——我爱，我爱，我生命，我新娘的身旁，凭吊那海边她的坟墓……”如此深情的诗文，让人感动、难过，想必他的爱妻如果泉下有知，也该感到欣慰了。

他是爱伦坡，美国历史上伟大的作家和诗人。他用自己的一生证明了他的坚强不屈和永不言弃，不管环境多么的恶劣，不管他人对自己有何偏见，他一直坚守着自己的梦想，即便前方的路很远很累，可是他没有停下前进的脚步，而是一步步走向了梦想的巅峰，他用自己的实力向整个世界证明了自己，即便身处逆境，他也照样能走出灿烂的人生，因为他坚信自己是一个永不退缩的强者。

成功需要能力与智慧，更需要勇气和信念。没有人能随随便便成功，成功只会青睐于那些坚守梦想永不放弃的人，不管经历多少磨难，都不要丧失你的动力。对于成功者来说，失败一次、两次，只是在学习成功的方法，失败三次、四次或者更多次，只是说明还没有真正找到成功的方法，因此他们一直做的就是坚持下去，不断地努力，直至成功的那一天。

有勇气，才敢去拼搏

鸵鸟面对风沙的时候，会把自己的头伸进沙子里。我们也许会很奇怪，问题出现了，把头钻进沙子里，问题就会如你期望的那样消失或改变吗？问题当然不会消失或改变，但是现实中有很多人，却也会像鸵鸟这样做。但丁说：“我崇拜勇气、坚韧和信心，因为它们一直助我应付我在尘世生活中所遇到的困境。”由于种种原因，人在生活和创业过程中，不可能一帆风顺，会遇到这样和那样的困难。要克服这些难题首先必须要有勇气，有勇气你才能敢去拼搏，才能有能力站在胜利的高峰。

曾经有一个敢作敢为的姑娘，她只会说一点点可怜的法语，却毅然飞往法国去做一次生意旅行。虽然人们曾告诫她：巴黎人对不会讲法语的人是很看不起的。但她坚持在展览馆、在咖啡店、在爱丽舍宫用英语与每个人交谈。当被问到不怕结结巴巴出丑吗？她非常坚定地说：“一点也不。”

因为她发现，当法国人对她使用的虚拟语气大为震惊后，许多人都为她的“生活之乐”所感染，热情地向她伸出手来，从她对生活的努力态度中得到了极大的乐趣。他们为她喝彩，为所有有勇气干一切事情而不怕出丑的人欢呼，这类人还包括那些学习对他们来说并不容易的新学问的人。

是啊，没有什么可怕的，与学到更多的本领相比，出丑又有什么呢？恐惧只是来源于内心的自卑与怯懦罢了，不要觉得他人会嘲笑自己。就像这故事中的姑娘，她从不害怕自己会招来异样的眼光，因为她是一个勇敢的人，她的目标很明确，那就是不断地学习、进步。

曾经，互联网上流传着这样一封信，它是英国凯恩斯写给朋友的，在信中他这样说：

“很小的时候，我就一直渴望考入剑桥大学。为了这个理想，我倾注了自己全部的心血。我所付出的巨大努力使我坚信，日后剑桥一定有我的一席之地，根本不可能发生意外。可是，这只是我的想象而已。后来，我得知自己根本没有被剑桥录取，这个消息让我觉得整个世界都破碎了。我觉得再没有什么理由支撑着我活下去，我开始忽视我的朋友，我的前程。我抛弃了一切，既冷漠又怨恨。我决定远离家乡，把自己永远藏在眼泪和悔恨中。”

“当我清理物品的时候，我突然看到一封早已被遗忘的信——一封已故的父亲给我的信。他在信中写了这样一段话：‘不论活在哪里，不论境况如何，都要永远笑对生活，要像一个男子汉，承受一切可能的失败和打击。’我把这段话看了一遍又一遍，觉得父亲就在我的身边，正在和我交谈。他仿佛在对我说：‘坚持，不管发生什么事，向它们淡淡地一笑，继续活下去。’现在，我每天的生活都充满了快乐，虽然没有进入剑桥，虽然又遭遇了几次失败，但我终于知道，笑对失败就是对失败最大的报复，一味地哭泣只能让失败愈加嚣张。今天，这种积极的心态已经给我带来了巨大的成功。”

看完这封信，我们也应该明白，不管遇到多大的问题，我们依旧要学会微笑，勇敢地继续走下去。要不我们还能怎样？是堕落还是绝望？这些都没有什么意义，只有勇敢地生活下去，你才能有机会去改变自己，你才能有希望让自己的人生更精彩。所以千万不要丧失了内心的那份斗志，那份勇气，那份改变生活的魄力。

莎士比亚说：“本来无望的事，大胆尝试，往往能成功。”大胆尝试常常会带给你更多的机会。在困境中，不要把自己当做老鼠，否则肯定会被猫吃掉。不管我们的生命多么卑微，不管生活给予我们的资源多么匮乏，只要信念不灭、执着依旧，就能让平凡的生命绽放出美丽的花朵！

第6章

超越自我，发挥优势挖掘潜能

一个人要懂得挖掘自己，经常给予自己积极的暗示，提高自信心和勇气。通过挖掘，想象出一个比自己更好的自我形象，激发自己的斗志，释放自己的潜能，重新认识自己，追逐成功。

心中怀着勇气，就毫不畏惧

勇气是任何事业成功的基础，内向者缺乏勇气，甚至恐惧缠身，自然会一事无成。有些事固然是看起来容易，做起来难，但现实中也有许多事情，是看似很难，实际上做起来并不像想象得那样困难。有时正是自己的畏惧，加剧了自己的怯懦，从而不敢努力去实践，甚至放弃目标。当然，对困难程度予以充分的估计是必要的，但不能因此而失去勇气。

我们应充分看到自己的能力，鼓起勇气，树立自信，同时辅之以积极的自我暗示，自我激励。如“这点小事不值得害怕”“别人能做到我也能做到”，从而为自己打气、壮胆。在困难与阻力面前，要有一股敢斗的勇气和气势，从而战胜自己的恐惧。迎着困难与压力迈出关键的第一步，并义无反顾地大胆往前走，这样成功与希望就会向你招手。

尼采说：“当我们勇敢的时候，我们并不如此想，我们一点也不认为自己是勇敢的。”有时候，内心的畏惧是源于我们总是不断地逃避问题，那些怯弱而畏惧的人通常都是这样。其实，当我们试着去改变自己的内心，让自己内心变得强大起来的时候，我们会惊讶地发现，克服挫折不过如此，它容易得就像是跨过一道门槛。但是，如果总是任由内心畏惧而不去改变，那么，我们将失去许多成功的机会，因为幸运总是降临在那些有着强大内心、坚韧精神的人身上。

内心畏惧的人常常表现为害怕困难，意志薄弱，惧怕挫折，内心异常脆弱。遇到了挫折，总是习惯性退缩或者消极抵抗，不愿意冒险，惊慌失措。其实，内心越是畏惧，挫折就会变得越强大；而内心越是强大，挫折就会变得不堪一击。我们要想成功地战胜挫折，首先应该战胜自己内心的恐惧，让自己变得强大起来，挫折与困难才会迎刃而解。

很多时候并不是你的能力不行，也不是你没有机会成就大事业，而是你信心不足，勇气不够，骨子里成长着一种天然的惰性，一遇上困难就妥协了，退缩了，放弃了。成功者不是这样，他们敢于与命运抗争，劲头十足，不断前进，直到取得自己满意的结果。

人生的种种历练，对于我们来说，可能是一种折磨，但是，它更是一种锤炼，暂时的痛苦算不了什么，只要心中有勇气，一次次经受住磨炼，不畏困难，最后，我们定能将自己炼就成一块坚韧的钢。在日常工作中，我们也会遇到种种困难，有成功就有失败，有喜悦就有眼泪，但是，哪怕是失败和眼泪，它所能带给我们的依旧是不断地尝试，而不是最终的结果。失败算不了什么，关键是你不能失去坚持下去的信心，以及那份深藏内心的坚韧。

心怀勇气，有信心攻克难关，最后，你就能赢得工作上的成功。谁也不想一生碌碌无为，人人梦想一生成功、富贵，可是只有少数人才能与成功、财富结缘。失败者常抱怨自己没有遇到好机会、生不逢时，然而机会一旦降临，你是否有足够的勇气和胆识去把握？勇敢坚韧，百炼成钢，只要心中怀着勇气，自己就毫不畏惧。

相信自己，为自己喝彩

大屏幕上一次次的颁奖，令人心动不已，谁都想走一次红地毯，谁都想触碰奖杯的荣誉，人生若是得此殊荣，自然是一种幸运，一种辉煌。但是，如此巨大的荣誉和成功却不是每个人都能得到的。生活中的内向者自我感觉如此平凡，但是，请不要忘记为自己加油喝彩。美国的一位心理学家曾说：“不会赞美自己的成功，人就激发不起向上的愿望。”随时为自己加油往往能带给自己欢乐和信心。当你的信心增强了，它会鼓励你获得更大的成就，与此同时，你的自信心将会进一步增强。

但在现实生活中，许多性格内向的人对自己缺乏信心，他们总是期望得到别人的掌声。对于这样的情况，一位成功者说：“别在乎别人对你的评价，否则，反而会成为你的包袱，我从不害怕得不到别人的喝彩，因为我会随时为自己鼓掌。”在人生的路途中，我们要保持思路清晰，随时为自己的壮志加油喝彩！

生活中有许多困难与挫折，面对这些困境，内向者总是不由自主地说“我不能……”在这样一种心理的影响下，他们不敢正视现实中的挑战，对自己缺乏信心，最后导致自己的潜力并没有得到充分地发挥。其实，许多人不能成功的原因就在于：缺乏自信，总是被“我不能”左右。所以，不妨试着把“我不能”埋在地下，相信自己，为自己加油鼓劲，用积极乐观的心态来面对一切，这样那些困难与挫折就会迎刃而解。

永远不要让“不可能”禁锢自己的手脚，对自己要充满信心，随时为自己加油，勇敢地向前迈一步，坚持到底，那么，“不可能”就变成了“一切皆有可能”，不可否认，为自己加油是找回自信的最佳途径。不断地为自己加油，告诉自己“我一定能行”，通过肯定自己来不断地增强你奋力向前的信心，从而获得成功。

无论是生活中还是工作中，我们都难免会遭遇到坎坷、曲折、磨难，这时，我们会感到痛苦、迷茫，但是，这些都不是最可怕的，可怕的是自己先否定了自己，自己摧毁自己。

所以，在这关键时刻，内向者更需要相信自己，为自己加油，要坚信命运的钥匙永远掌握在自己的手中。摔了跟头，应该立即爬起来，为自己鼓劲，为自己喊声“加油”；当我们取得一次小成就的时候，应该对自己说“我真棒”；当困难来临的时候，记得给自己打气，对自己说“我一定能行”。那些能为自己加油、喝彩的人，他们一定会成为生活中的强者。

人生需要冒险精神

成功常常与冒险为伍，内向者，你是否有过冒险的经历呢？许多人在大学毕业后靠着家里的关系进了大企业，拿着一份不菲的薪水，每天过着擦桌子看报纸的安逸生活。尽管生命还有很长的一段路，但他们早早地过着衣食无忧的生活。或许，这是上天的眷顾，然而，这也是上天的考验，太年轻就选择停滞不前，人生最终也不过如此。人就应该富有冒险家精神，大胆创业，即使失败了也可以重来。

成功是没有秘诀的，敢想敢做，给自己定一个创业目标，然后努力，全身心努力，总会有收获。“敢想”可以使一个人的能力发挥到极致，也可能逼得一个人贡献出一切，排除人生道路上的所有障碍。千万不要抱怨自己运气不够好，因为唯有行动才能够改变自己的命运。行动就是力量，十个空洞的幻想不如一个实际行动。

创业，最重要的就是勇敢尝试，敢于不计后果，不要过多地顾虑，敢于想到什么就马上去实践，哪怕有时需要承担一些风险，也要勇敢地去尝试创业。尝试创业还有可能取得成功，不敢去尝试，就永远也不会取得成功。

你比自己想象中更优秀

在生活中，许多内向者都不敢追求成功，原因并不是追求不到成功，而是他们在还没有开始追逐之前就在心里默认了一个“高度”，这个高度常常暗示自己：成功是不可能的，这个是没办法做到的。“心理高度”成为他们无法取得成功的根本原因之一，自我设限是一件很悲哀的事情。所以，我们要将成功的信念注入血液之中，不断地告诉自己“我能行”“我努力就一定能成功”“我是最优秀的”，不断增强自信心，勇于向成功奋进。如果你不逼自己一把，那你根本无法想象你有多么出色。

对自己的怀疑，常常会让我们失去成功的机会，或是让我们放慢前进的脚步。普朗克对自己的怀疑，使整个物理理论停滞了几十年。所以，任何时候，都切莫怀疑自己，而要努力、勇敢地证明自己，这样我们才有可能站在成功的顶峰之上。

我们应该永远记住一句话：你比自己想象中更优秀。因为我们每个人所拥有的潜能都是无穷的，我们所展现出来的只是九牛一毛，还有更多的潜能等待我们去挖掘。相信自己，多给自己一份肯定，自己永远比想象中优秀一点，这样，你才会成功地挖掘出自己的潜在价值，从而使自己变得更优秀。

许多内向者不明白自己的价值所在，他们也不知道自己到底具有多大的潜能，所以，谁也不知道自己到底会有多么强大。事实上，一个人的价值有时候是显性的，但在很多时候都是隐性的，而在每个人的身体里，都蕴藏着巨大的能量，这就是我们的价值所在。只要我们勇于去寻找真实的自我，激发出自己无穷的能量，就能够彰显自身的价值，这会让我们人生的每一刻都过得精彩。

用坚韧换机遇，用时间换天分

许多内向者觉得自己很平凡，能力很普通，先天条件的欠缺导致他们对自己丧失了信心，在他们看来，不管自己如何努力，最终都只会成为一个平庸的人。抱着这样的想法，他们不想去努力，浑浑噩噩地生活着，甚至有的人选择了自甘堕落的生活。然而，内向者浑然忘记了，成功的路从来不是一帆风顺的，许多人也曾迷茫过，也曾不知道未来究竟在哪里。但是，他们却以自己成功的经历告诉我们：相信梦想，梦想自然会回馈于你，努力比任何东西都来得真实，用坚韧换机遇，用时间换天分，哪怕走得很慢，但终会抵达。

我们都听过龟兔赛跑的故事，兔子机灵，跑得快，它以为自己胜券在握，所以安心地睡起了大觉。谁知道看起来慢吞吞的乌龟，却以自己百倍的努力以及坚持不懈的精神最先达到了终点，谁能笑到最后，还真是不一定。

大学毕业后，威廉的求职战役正式打响了，他向大部分知名企业投递了大概20多份简历。那真是一段不堪回首的岁月，他天天跑招聘会，但自己的努力却看不见任何回应，那些投递出去的简历如石沉大海杳无音信。威廉在找工作的路途上可谓是曲折坎坷。

威廉在笔试上失意过，在群面时因插不上话而被刷掉，和许多求职的年轻人一样，他曾经历过低谷期，但他始终努力着。遇见了太多糟糕的事情，他反而觉得一切都会慢慢好起来；情绪太过糟糕，他反而知道应该如何来梳理情绪；了解了自己的缺点之后，他反而知道什么工作才是最适合自己的。在每一次求职失败后，威廉都会反思自己的缺陷和不足，总结失败的经验，从来没有放弃过努力。

威廉说："天赋决定了一个人的上限，努力则决定了一个人的下限。"许多年轻人根本没有努力到可以比拼天赋，就已经放弃了，威廉深知自己没有一步登天的天赋，所以只能用努力的时间来换取天分。

当然，最后威廉如愿找到了一份好工作，但这与他平时的努力是分不开的。

成功恰巧就是运气撞到了努力而已，努力永远不会有错，即便现在无法感受到努力的回报，但未来的一天它定会发挥作用。选择自己喜欢的事情，然后努力坚持做下去，相信梦想，更要相信努力，因为遗憾比失败更可怕。当你在追逐梦想的时候，这个世界总会制造许多挫折与困难来阻挡你，残酷的现实会捆住你的手脚，但其实这些都不重要，重要的是你是否有努力到底的决心。

平庸并不可怕，可怕的是永远平庸。既然上帝没有给予我们天赋，那我们就用后天的努力来弥补。越努力越幸运，如果你觉得自己平凡，那就用努力换天分。当然，在这个过程中，我们要始终相信努力奋斗的意义，让未来的你，感谢现在拼命努力的自己。坚持不懈可以让你在失去动力的时候帮助你继续你的行动，这样可以使结果渐渐好转。坚持不懈最终会产生它的结果，仅需你保持你的努力，你最终就会得到回报，这个回报可以为你带来强大的动力。

善于思考，创意人生

大多数人都是一个思考者，每一个年轻人都会锻炼自己的头脑，扩展自己的眼光和思维。这是一个脑力制胜的年代，谁的想法更高明，更有效，谁就更容易提升自己的价值，获得财富的垂青。人们不应拜金，但对财富的追求，对财富的渴望，却不可削弱。这不仅仅是改善生活的需求，更是激发大脑潜能，调动大脑思维的最原始的动力。很多时候，一个金点子，花费不多，却拥有点石成金的力量。只有看到别人看不到的东西，才能做到别人做不到的事。灵活的头脑和卓越的思维为人们提供了这种本领，深入地洞察每一个对象，就能在有限的空间，成就一番可观的事业。

因出产夏普牌电视机闻名的早川电机公司董事长早川德次，很小的时候双亲与世长辞，他在小学二年级时，就去了一家首饰加工店当童工。但早川并不自暴自弃，小时候早川就想："在这世界上没有疼爱我的双亲，也没有关心我的长辈，我的处境比任何人都悲惨，但只要我努力生活，就不会输给别人。"

他进入首饰加工店之后，每天所做的工作就是照顾小孩，烧饭，洗衣服以及搬运笨重的东西。这样年复一年过了4个春秋，有一次他鼓起勇气对老板说："老板，请您教我一些做首饰的手工好吗？"老板不但没答应，反而大骂道："小孩子，你能干什么呢？你喜欢学的话，自己去学好了！"

早川想，不靠别人，要亲自去学，亲自思考，亲自去做。以后老板叫他帮忙工作时，他尽量用眼睛看，用心学，这样一切有关工作上的学识和技能，全部是靠自己偷偷学来的。

他的苦苦挣扎与努力终于没有白费，他成为了一个耳聪目明又富于创意的人。18岁他就发明了裤带用的金属夹子，22岁时发明了自动笔。他有了发明，老板便资助他开了一家小工厂，这种自动笔很受大众喜爱，风行一时。世界没有给他任何东西，但他却给世界很多。30岁时，他在赚到1000万日元以后，就把目标转向收音机界，设立了平川电机公司。

当你善于独立思考，把这种能力转变为创意时，你的生活现状也许就会发生质的改变。商人说，创意无法标价，它实施后所创造的价值却是切切实实的。年轻人在刚刚步入社会时，一般很难立即拥有发财致富的机遇，这也符合踏实肯干，付出才能有所收获的道理。也许我们此时实力不足，但如果能用好创意，常常会达到事半功倍的效果。

为什么世界上大部分的科学家、艺术家都是内向者，那是因为他们善于思考。一位心理学家称，每个人都容易羡慕别人，因为在比较中，你总会发现比你优越的人。很多人不禁感叹，自己何时能赶上别人，能买房买车，能一夜暴富？

1.人们的创意生涯

创意不是高深的科学技术，它的起源常常是人们的灵机一动，不需要经过严谨的学术训练和精密的理论论证。对于创意，任何一个人都可以与之亲密接触，我们在自己实力不足的时候，如果能用好创意，常常会达到事半功倍的效果。

2.创意青睐于爱思考的人

创意人人都有，但它更青睐于细心观察生活并随之跟进的人。创意是改变生活的加速度，它可以不是一件实实在在的产品，而是一种另辟蹊径的思维方式。思路决定财富并不是一句空话，处于困境中的人，如果有心想要撬动财富的世界，改变自己的人生历程，只要头脑灵活，感觉敏锐，创意就是你手中最有力的一根杠杆，它可以影响人生的成就和财富的流向。

世界著名的成功学大师拿破仑·希尔著有《思考致富》一书，在书中，他提出是“思考”致富，而不是“努力工作”致富。希尔强调，最努力工作的人最终绝不会富有，如果你想变富，你需要“思考”，独立思考而不是盲从他人。对于多数人来说，把思考和金钱联系在一起的，就是创意。

第 7 章

立即行动，高效执行战胜拖延

本杰明·富兰克林说：“千万不要把今天能做的事留到明天。”生活中，人们总是习惯于做事拖延，总喜欢在开始行动之前先让自己享受一下舒适。短暂行动之后又想着休息继续享受，这样直到最后期限行动还未开始。

不是时间不够，而是没利用好时间

日本女作家吉本芭娜娜出版了四十本小说和近三十本随笔集，《鲤》杂志曾采访过她："许多女人生了小孩之后就没有闲暇时间了，您现在有了孩子，是如何抽出时间来写作的呢？"吉本芭娜娜说："确实没什么时间，但是我一直在拼命。为了争取多一点的写作时间，每天我都在与时间赛跑，最夸张的时候，你能想象吗？我几乎是站着吃饭。"估计许多人看到这里会感到羞愧吧，比起吉本芭娜娜，大多数人总是感慨自己时间不够、事情做不完，却从来不去利用那些零碎的时间。

犹太人洛克菲勒就是一位对工作异常勤奋的人。一天二十四个小时中，他的工作时间一般都在十五六个小时，超过了一天的大半时间。而有的时候，他甚至可以一天工作十八九个小时。而有人给他计算过，他的一生中平均每周工作76个小时，只休息很短的时间。经常是别人已经下班了，他还在勤奋地工作。他常常对别人说："如果你什么都不想干，那一天工作8个小时就可以了，可是如果你想干点什么，那么当别人下班的时候，正是你工作的时候。”别人问他：“你怎么能一天工作20个小时？”他却说：“一天工作20个小时怎么可以，我需要一天工作48个小时。”当人们看到他的时候，他总是在不停地忙于工作。于是凡是认识他的人都说洛克菲勒只有睡觉和吃饭的时候不谈工作，其余时间他都是泡在工作里。这位世界级的大富翁就是这样紧张而勤奋地工作着的，所以他才取得了举世瞩目的成就。

从来不说时间不够，保持勤勉的态度，是洛克菲勒成功的秘诀。洛克菲勒之所以能够获得成功，就在于他始终如一地保持勤勉的态度，从来不以“忙”和“没时间”作为借口。他的勤勉已经转化为顽强的奋斗，在他的眼里，一天24小时都已经不够用了，他希望能在一天内工作更长的时间。犹太人认为，只有勤勉的人才能够尝到胜利的果实，只有勤勉的人才能够得到命运的眷顾。所以，洛克菲勒用自己的实际行动证明了这样一个道理，如果你是一个做事勤勉的人，那么成功就已经离你不远了。

美国职业篮球协会1994年至1995年赛季的最佳新秀杰森·基德，谈到自己成功的历程时说：“我小时候，父亲常常带我去打保龄球。我打得不好，总是找借口解释为什么打不好，而不是去找原因。父亲就对我说‘别再找借口了，这些不是理由，你保龄球打得不好是因为你总说没时间练习。’他说得对，现在我一发现自己的缺点便努力改正，绝不找借口搪塞。”达拉斯小牛队每次练完球，人们总是看到有个球员在球场内奔跑不辍一小时，一再练习投篮，那就是杰森·基德，因为他不是一个为成功寻找理由的人。

成功与失败看起来似乎有天壤之别，但促成它们形成的原因，或许就是一些小小的细节，小小的习惯，比如常常为自己没有完成的事情找借口，而大部分的借口则是“我很忙”“我没时间”。失败是没有任何借口的，失败了就是失败了，我们在接受失败这个事实的同时，需要反省自己，而不是为失败寻找借口。当然，成功并不是那么随随便便就能达到的，我们必须付出艰辛的努力，在成功的道路上，我们要不断为之寻找理由，那些坚持、付出的汗水与艰辛都可以铸就最后的成功。

人们关于自己的未来总会有很多规划，但当他们未能完成时总向别人推诿：“我最近很忙，根本没有时间。”迟迟不见有行为，但是如果你想有所获得，有所成就，做哪一件事不会耗费时间呢？我们经常看到的优秀年轻人，举手投足十分优雅，且写得一手好字，当你在羡慕他们的时候，是否想过对方为了培养仪态、练习写字又一个人度过了多少沉默时光呢。忙和没时间是最烂的借口，因为每个人的时间都是一样多的，之所以会抱怨没时间，不过是因为你在其他事情上浪费了时间。

财经作家吴晓波说：“每一件与众不同的绝世好东西，其实都是以无比寂寞的勤奋为前提的，要么是血，要么是汗，要么是大把大把的曼妙青春好时光。”如果我们倾力付出自己的努力，那早晚会从量变到质变，现在走的每一个脚印，都会成为将来实现人生飞跃的跳板。

人们总会订下许多计划，看书、运动、旅行等，不过常常因没有时间而不得不放弃。难道你的生活真的有那么忙吗？真相到底如何心知肚明，别总以忙和没时间当借口，那不过是在为自己的懒惰找理由而已。你若坚持努力，一定会发光，因为时间是所向披靡的武器，聚沙成塔，将人生一切的不可能都变成可能。

想成就什么，就马上行动

在很多时候，人们都有着自己的想法：希望自己将来能像松下幸之助一样成为获得巨大成功的实业家，希望进入自己梦寐以求的公司，谋得一个称心如意的职位，等等。但是，最终，有的人能够实现自己的愿望，走成功的人生；而有的人却不管怎么努力都达不到自己的理想，过着不幸福的日子。

约瑟夫·墨菲说："决定你命运的绝不是才能，更不是坏境和外在条件，而是你的思考方式，即你的想法。"从现在起，想象自己想成为什么样的人，然后让这种"心想"成为一种习惯，在潜意识强大的力量之下，自己真的会成为想象中的人。你想成为什么样的人，就努力去成为这样的人；你想成就什么事业，就马上去行动。为什么不呢？因为行动就是效率。

在《致加西亚的信》中，阿尔伯特·哈伯德讲述了罗文送信这样的情节："美国总统将一封写给加西亚的信交给了罗文，罗文接过信以后，并没有问：'他在哪里？'而是立即出发。"犹豫、拖沓的生活态度，对内向者来说已经是一种常态，要想成为罗文这样的人，我们就应该马上去做。

许多人总是说："我想做……"但他们总是停留在口头表达，迟迟不肯行动，前怕狼后怕虎，想去做，但又担心失败，结果就卡在那里。多年后，依然是平平庸庸，事业也不见起色。实际上，因为行动的效率，哪怕失败了一切也可以重来。如果你总是犹豫不决，怕前怕后，那只会一事无成，所以，要珍惜自己的美好时光，想去做就去做，为什么不呢？

顾虑太多，往往错过绝佳机会

从前有一头毛驴，它拥有两堆草料。它饿了，可是站在两堆草料中间，是去左边还是去右边呢？往左边走走……嗯，还是去吃右边的比较好；往右边走了几步……算了，还是去左边那堆好了。走走又回头，回头又走走，于是，这头幸运的、富有的毛驴，就这样在两堆草料间活活地饿死了。这个故事当然是有点夸张，可是，有许多人也会做这样的傻事。因为人比毛驴聪明，思考能力强，在前思后想中，更容易犹豫不决，失去机会。在生活中，有不少人做事思前想后，顾虑太多，结果在犹豫不决中丧失了绝佳的机会，也失去了改变人生的机会。

有一天，老鼠大王召集了许多鼠族成员召开一次会议，大家围在一起商量如何对付猫吃老鼠的问题。当老鼠大王抛出了问题后，老鼠们都积极发言，出主意，提建议，不过会议持续了很久，最终也没有找到一个可行的方法。

这时，一个平时被大家称为最聪明的老鼠对大家说：“我们与猫多次作战的经验表明，猫的武功实在太高了，若是单打独斗，我们根本不是它的对手。我觉得对付它的唯一办法就是——预防。”大伙听了面面相觑，问道：“怎么防呢？”这个老鼠狡黠地说：“给猫的脖子系上铃铛，这样，猫一走铃铛就会响，听到铃声我们就躲藏到洞里，它就没有办法捉到我们了。”老鼠们听了都雀跃起来：“好办法，好办法，真是个聪明的主意！”

老鼠大王听了这个办法以后，高兴得什么都忘记了，当即宣布举行大宴。可是，第二天酒醒了以后，觉得不对。于是，又召开紧急会议，并宣布说：“给猫系铃铛这个方案我批准，现在开始就落实到具体行动中。”一群老鼠激动不已：“说做就做，真好真好！”受到老鼠们的支持，鼠王问道：“那好，有谁愿意去完成这个艰巨而又伟大的任务呢？”会场里一片寂静，等了好久都没有回应。

于是，老鼠大王命令道：“如果没有报名的，我就点名啦。小老鼠，你机灵，你去给猫系铃铛吧。”老鼠大王指着一个小老鼠说。小老鼠一听，马上浑身颤抖，缩成一团，战战战兢兢地说：“回大王，我年轻，没有经验，最好找个经验丰富的吧。”接着，老鼠大王又对年纪稍大的鼠宰相发出命令：“那么，最有经验的要数鼠宰相了，您去吧。”鼠宰相一听，吓破了胆，马上哀求说：“哎呀呀，我这老眼昏花、腿脚不灵的怎能担当得了如此重任呢，还是找个身强体壮的吧。”于是，老鼠大王派出了那个出主意的老鼠，这只老鼠哧溜一声离开了会场，从此，再也没有见到它。最终，老鼠大王一直到死，也没有实现给猫系铃铛的夙愿。

目标是否可以实现，关键在于及时行动。在任何一个领域里，不努力去行动的人，就不会获得成功。正所谓“说一尺不如行一寸”，任何希望、任何计划最终必然要落实到具体的行动中。只有及时行动才可以缩短自己与目标之间的距离，也只有行动才能将梦想变为现实。如果你只是心里想想，总是考虑其他的因素，而错过了及时行动的机会，那只会后悔莫及。

人生有三大憾事：遇良师不学；遇良友不交；遇良机不握。很多人把握不住机遇，不是因为他们没有条件，没有胆识，而是他们考虑得太多，在患得患失间，机遇的列车在你这一站停靠了几分钟，又向下一站行驶了。我们生活在一个竞争激烈的时代，很多机会本来就是稍纵即逝的。每每，在优柔寡断的人左思右想的时候，机会已经溜到了别人手里，把他远远抛在了后面。

迎着晨光实干，别面对晚霞幻想

科学家卡莱尔曾经说过：“要迎着晨光实干，不要面对着晚霞幻想。”这句话形象而准确地告诉我们：人不能沉迷于美好和远大的理想之中，还应该付出比别人更多的努力。当我们发现一个良机的时候，就要敢于付诸行动，而不是犹豫不决。确实，在这个世界上，许多伟大的成功者都属于那些敢想、敢做、敢面对失败的人，而那些所谓智力高超、才华横溢的人却始终犹犹豫豫、瞻前顾后，不去付出行动而最终一无所获。

人们常说“高风险意味着高回报”，只有那些敢于冒险的人，才会赢得人生的辉煌。当然，那些面临风险依然可以果断做出决定的人肯定胆识过人，他们不仅拥有过人的胆识，而且始终将行动放在第一位，敢想敢做，逆流而上，结果往往获得了出人意料的成功。

有一天，一位园艺师傅向井植岁男说：“社长先生，您的事业如日中天，而我却像一只蚂蚁一样在地上爬来爬去，根本没有出息，什么时候我才能赚到钱呢，才能像你一样成功呢？”井植岁男说：“这样吧，我看你比较精通园艺，在我工厂边有几万平方米的空地，咱们合伙种树苗吧。那么，你告诉我，一棵树苗多少钱？”园艺师傅回答说：“40元。”

井植岁男说：“那么以一平方米地种两棵树苗计算，扣除道路，如果是两万平方米就能够种植2.5万棵树苗，树苗成本是100万元，你算算，3年后，一棵树苗能卖多少钱？”园艺师傅回答说：“大约3000元。”井植岁男说：“那么，这样，那100万元的树苗成本与肥料由我来支付，你就负责浇水、除草和施肥，3年后，我们就有600万元的利润，到那个时候，我们每个人从中就能取得一半的利润。”那位园艺师傅听了吓了一跳，拒绝说：“哇！我不敢做那么大的生意，我看还是算了吧。”

一句“算了吧”让园艺师傅错失了一个成功的机会，或许，我们每天都在梦想着成功，然而，当自己有了好的想法，即将投入实践的时候，却没有勇气去尝试，在心中有的只是对失败的顾虑，导致最后失去了成功的机会。巴菲特的投资事业告诉我们：成功是离不开行动力和勇气的，相比较智慧，我们更需要果断尝试。

在职场中，许多人都想改变自己的处境，想比现在做得更好，甚至，梦想着做一番事业，但是，他们往往是有了想法却总是瞻前顾后，犹豫不决，以至于许多好的想法、计划都死于腹中，最后，依然一事无成，在职位上平平庸庸地度过了一生。同样是一些敢想的人，他们没有犹豫，而是马上将自己的想法付诸于实践，最后，他们成功了。出现这样截然相反的情况，是什么原因呢？因为前者缺少了行动力，他们只愿意想，而不敢去做，因此，成功的机会总是与他们擦肩而过。

内向者常常会陷入这样的境地：想得多，做得少。孔子说：“君子耻其言而过其行。”意思是说，君子认为说得多而做得少是可耻的，在现实生活中，总是有这样一些夸夸其谈的人，他们口若悬河，说尽了大话，到最后，一件事情都没有完成，给上司和同事留下了“浮夸”的印象。一个人如果想要去做一件事，无论计划多么完美，倘若没有将其付诸实际行动，就不能体现出它的价值来。

事实上，当我们大脑中有了灵感就应该付诸实践，现在就去，马上就去，“现在”这一词语可以推进成功，可是，“明天”“以后”“某一天”就代表着“永远也做不到”。

大多数聪明的人，他们遇事冷静，不想自己的智慧被淹没在平淡的日子里。因此，一旦他们脑中有了好的想法，总是敢于去实现它，无论最后的结果是成功还是失败，他们总是先做了再说。

如果现在你的脑中有一些好的计划，那么，就应该对自己说“我现在就去做，马上开始”，而不是说“我总有一天会去把它完成的”。

在现实生活中，有许多人渴望成功，但却从未想过自己应该下怎么样的决心才能获得成功。那些坐在办公室里无所事事的职员，永远都是等待机会自动来到自己眼前，唾手可得，自己毫不费力。在他们身上，缺少强大的决心，缺乏行动力，他们只会在等待中碌碌无为地过一生。

别抱怨，只有行动才能解决问题

英国著名作家奥利弗·哥尔德斯密斯曾说：“与抱怨的嘴唇相比，你的行动是一位更好的布道师。”面对生活里的一丁点不如意，人们最普遍的习惯是埋怨，不停地埋怨，埋怨父母不理解，埋怨社会太现实，埋怨朋友的欺骗，埋怨上天的不公。于是，埋怨成为了一种习惯，然而，那些不如意的事情、悬而未决的事情并没有得到真正的解决，自己的情绪反而陷入了恶性循环，结果，心中的怨气反而会阻碍到前进的路途。

成功只会垂青那些积极主动的强者，只要你敢于担当，勇于接受来自生活的挑战，那么，任何艰难险阻都会变成坦途。真正的强者，从来不埋怨，他们总是会把那些消极的想法从心中扫除，让自己的内心充满阳光、充满希望。

来到这个世界上，面对生活中的诸多不如意，我们只有两个选择，要么接受，要么改变。抱怨成为了接受事实的一个阻碍，我们总是想到：这件事对我是不公平的，这样的事情怎么会发生在我的身上呢？我怎么能接受这样的事情呢？所以，一种强烈的倾诉欲望开始萌发，我要去对别人诉说，以此证明我的无辜和委屈，于是，在我们埋怨不公的时候，我们已经失去了去改变这件事情的机会。那么，当我们无休止埋怨的时候，有没有想过比埋怨更好的解决方法呢？

真正的强者，他所致力的是积极行动，如何解决问题，如何完成这件事情，而不是去埋怨上天的不公，所以，强者最后会在努力中赢得成功，而无能的人只会在埋怨声中销声匿迹。

罗斯福说："未经你的许可，没有任何人能够伤害你。"有的人自己做不到的事情，别人漂亮地完成，他还会到处埋怨："其实我很有能力的""他凭什么就能得到上司的重用啊""这件事我会比他做的更好，可上司偏偏不找我嘛"。但是，真正的结果呢，却是自己没有能力，心中才充满了怨气。

善于规划，更准确地行动

行动之前要有目标，但仅仅有个目标还不够，在把理想铺铸成现实的道路上，我们还应该做好规划，规划不仅仅是一种前景目标，一张蓝图而已，它更是你行动的路线图。在现实生活中，我们经常听到"只有想不到，没有做不到""野心有多大，成就就有多高"等这样的言论。很多人片面地理解这些激励人心的话语，总以为只要激情高涨、拼搏忙碌，成就一番事业就是自然而然的事情。殊不知，激情和拼搏只是一种动力，如果努力没有用在正确的地方，结果也只是白费功夫。

古语云：凡事预则立，不预则废。目标是可以看得见的靶子，每个人都能看到，大家都在朝它开枪，但并不是谁都能打得快和准。目标是人生拼搏的战略，至于如何规划朝着既定的方向迈进就是战术问题了，比如你的愿望是登上前面那座山，就应该考虑好什么时间要到达什么地方，一块山石，一棵大树，就是你下一站的指引。

为自己设定一个适合的目标，然后想办法实现目标。然而你也要明白，对目标而言，如果学会把目标分解开来，化整为零，变成一个个容易实现的小目标，然后将其各个击破，这是实现终极目标的有效方法。很多时候，我们在规划人生时感到困难不可逾越，成功无法企及，正是因为觉得目标离自己太过遥远而产生畏惧感。

总结阿诺德·施瓦辛格的成功经历，我们可以总结出这样一句话：从大处着眼，从小处着手，化整为零地循序渐进。不要妄想自己能一步登天，一夕成名，一下子便成为一个亿万富翁。有目标、有憧憬是好事，但善于规划才是硬道理。

失败者做事之所以会半途而废，并不是因为难度高，而是因为他们认为现实距离梦想太远，正是这种心理上的因素导致了失败。若把长距离分解成若干个短距离，逐一跨越它，就会轻松许多，而目标具体化可以让你清楚当前该做什么，怎样才能做得更好。

心中有了这一系列规划的人，表面看来和以往的他也没什么不同，但是因为眼光看得远了，再做起事来就有了责任心和主动性，他会完全脱离那种得过且过的生活状态，一个人的才能也会得到最大程度地发挥。

选择方向，懂得正确努力

有句话说得好：方向不对，努力白费。或许，你每天都在加班，工作起来从来不惜力，甚至还是一个彻头彻尾的完美主义者，但是最后却是毫无所获。那么，年轻人，你在持续努力之前，是否选对了方向呢？当我们在穿衣服系扣子的时候，如果第一颗纽扣扣错了，那下面的扣子肯定会跟着出错。人生是一样的道理，如果我们选择的方向不对，那不管我们付出多少倍的努力，最终的结果都是白费。甚至，当我们付出的努力越多，就会离自己想要到达的地方越远。

只知道跟在别人身后漫无目的地奔跑，是很难成功的。现实生活中，是否也有很多这样的人呢？拥有自己的方向，并懂得正确努力的人，才会在生活这唯一一次的竞赛中取得优异的成绩。

威廉是一个十分勤奋的青年，他特别希望在各个方面超越别人。经过多年努力，依然没有什么成效，他对此感到迷茫，希望智者能为自己指引一个方向。

这时智者叫来自己的三个弟子，嘱咐弟子们把威廉带到山上，打一担自己认为最满意的柴火。于是，威廉和智者的三个弟子沿着门前的江水直奔山上，智者则在门前等他们。

过了一阵子，首先回来的是威廉，他扛着两捆柴火，智者让他在一边休息。不一会儿，智者的两个弟子也扛着柴火回来了。最后回来的是小弟子，他从江面上驶来一个木筏，上面载着八捆柴。威廉看见如此情形，解释说："我刚开始就砍了六捆柴火，扛到半路，走不动了，只好扔了两捆；又走了一会儿，还是感觉柴火压得自己喘不过气来，又扔掉两捆。最后我就把这两捆柴火扛回来了，但是，大师我真的已经很努力了。"这时大弟子说："我和他刚好相反，刚开始，我们两各自砍了两捆柴火，我和师弟轮流担，觉得很轻松，最后，我们还把这位施主丢弃的柴火都挑了回来。"这时小弟子说："我个子矮，没什么力气，这么远的路程，就是一捆柴也无法挑回来，所以，我选择走水路，自己造了一个竹筏，结果就这样回来了。"

智者听了，微微颔首，然后走到威廉面前，拍着他的肩膀，语重心长地说："一个人要走自己的路，无可厚非，关键是如何走；走自己的路，让别人说，也无可厚非，关键是你走的路是否对。年轻人，你要永远铭记：选择方向比努力更重要，选错了方向再努力也是白费力气。”

人生有很多条道路，路到尽头，我们就应该及时转弯。我们总是敬佩那些执着努力的人，他们的精神被宣扬成主旋律，感染着许多青年人热血沸腾地努力拼搏。但你是否在其中保持了一个辨别方向的清醒的头脑呢？有人做过统计，在一般人所做的努力中，无效努力的成份占到80%以上；而有效努力的成份仅占20%左右，这依然符合二八法则的规律。

因此，我们可以说，积极地开发自己，调动自己的积极性，执着地努力，这些都是年轻人应该坚持的不二法门。在这中间，还应该着重注意：选择正确的方向，始终正确地努力，不要只顾盲目地奔跑，而失去了思考的能力。

第8章

不言放弃，一如既往坚持到底

许多人非常迷茫，不论做什么事情都容易半途而废，不能坚持到底。现代社会，竞争能力是一个稀缺的素质，对任何一件事情，你若坚持到底，那么全世界就是你的，最后的成功也是属于你的。

做好一天中最重要的事

生活中的坎坷多是由自己的心造就的，我们之所以迷茫、甚至跌倒，多是因为没有看清自己。清楚地认识自己的实力，选择一条适合自己走的路，每天积累一点点，成功就会更快降临。但你要知道，成功的衡量标准不是做了多少工作，而是做出了怎样的成果。确立了目标并坚定地“咬住”目标的人，才是最有力量的人。

目标始终如一的人，能抛除一切杂念，聚积所有的力量，全力以赴向目标挺进。把你需要做的事想像成是一大排抽屉中的一个小抽屉，你的工作只是每天拉开一个抽屉，令人满意地完成抽屉内的工作，然后将抽屉推回去。不要总想着所有的抽屉，而要将精力集中于你已经打开的那个抽屉，一旦你把一个抽屉推回去了，就不要再去想它。

给自己一个清晰而合理的目标，在较短的时间内、正常的努力下，能够完成的目标才会对你的人生起到推进的作用。而那些看似远大，只能当做谈资而最终束之高阁的理想，最终只会成为一种妄想。

只有每次只面对一天，并且把每一天都当做一辈子来过，我们才会万分珍惜这宝贵一天的每一分、每一秒时光。把每一天都当做一辈子来过，那么，谁还会有时间，去挥霍、去做些无用功呢？

每天做好一件事，有几个人能够做到？在现实生活中，有些人并不是好高骛远，而是在生活的重压下，眼前的一点点收获和利益不足以满足他们那颗强烈追求的心。于是，他们的眼光变得很长远，长远到遥不可及不知不觉，高不成低不就成了他们的习惯，在对生活的憧憬中，偶然有一天他们低头会发现，原来自己的每一天都荒废了，都在原地的小小圈子里踏步，远走的是心，而不是自己的脚步。

人生的时间、精力极其有限，想让有限的时间、精力造就人生最大的成功，就必须要拣对成功价值最大的事情去做。也就是说，我们每天都要有清晰的目标可以追求，每天做好一件事，这一个月，这一年，你将会有巨大的成长和收获。

把最重要的那件事做好，执着地去追求，你就会发现，你所有的行动都会带领你朝着这个目标迈进。在激烈的竞争中，如果你能做好一天中最重要、最清楚的事情，成功的机会将大大增加。

自我推销，酒香也怕巷子深

俗话说：“美玉藏于深山，人不知其美，黄金埋于地下，人不知其贵。”一个优秀的人，如果只是深藏不露，而不表现自己，人们就不会看到他存在的价值。这样下去，即使他有绝世的才华，也渐渐会被埋没。现在是一个讲究张扬自己个性的时代，尤其是身处职场上的人，在关键时刻恰当地张扬也就是“秀”一下，不失为一个引起别人注意的好方法。天上不会掉馅饼，机会是要靠自己创造的，相信自己，相信自己的能力，相信自己的才华，而且勇敢地在别人面前表达出来，你就会接近成功。

许多人总是在苦苦等待机会降临在自己的身上，但是殊不知，一味地等待机会的降临是一种多么无知而可笑的想法。就像成功学大师卡耐基所说：“没有机会，这是失败者的推诿，许多成功的奋斗者，都是用他们自己的能力去创造机会的。”

原微软中国公司总经理吴士宏，在1985年离开了原来毫无生气甚至满足不了温饱的护士职业，她鼓足勇气，走进了世界最大的信息产业公司—IBM公司的北京办事处。面试像一面筛子，两轮的笔试和一次口试，她都顺利地抵挡住了严密的网眼。最后主考官问她会不会打字，她条件反射地说：“会！”

“那么你一分钟能打多少？”

“您的要求是多少？”

主考官说了一个标准，吴士宏马上承诺她可以。因为她环视四周，发觉考场里没有一台打字机，果然，主考官说下次录取时再加试打字。

实际上吴士宏从未摸过打字机，面试结束，她飞也似地跑回去，向亲友借了170元买了一台打字机，没日没夜地敲打了一星期，双手疲乏得连吃饭都拿不住筷子，她竟奇迹般地敲出了专业打字员的水平，以后的好几个月她才还清了这笔不小的债务，而IBM公司却一直没有考她的打字功夫。吴士宏就这样成了这家世界著名企业的一个最普通的员工。

任何人的成功都是来自于自觉自愿地去寻找机会、发挥创造力。那些甘于沉沦和平庸的人最终会继续沉沦和平庸下去，而那些主动执行、善于创造机会的人，则会从最平淡无奇的生活中找到一丝微弱的机会，他们用自身的行动改变了他们的处境。

在人生的旅途中，每个人都会遇到很多成功的机会，在机会面前每个人的态度是不相同的。有的人把握住机会，努力发展；有的人和机会擦肩而过，视而不见；有的人寻求机会，捕捉超越的空间；有的人不思进取，坐等机会的到来。我们应以积极的态度，捕捉机会，把握机遇，为自己寻找一片翱翔的艳阳天。

我们要想有所成就，就不要奢望别人主动地来关注自己，而是要积极主动地把自己的才干展示给别人。一次不行，就多表现几次，在一个地方表现无效，就在多个地方进行表现，表现多了，被发现、被赏识的可能性就会增大。把自己的美展示给别人，从而赢得机遇的青睐，仅仅需要一些勇气。

专注细节，无限接近完美

大部分人都拥有一颗追求完美的心，希望自己在工作和生活的各个方面都表现得尽善尽美。虽然说完美很难实现，但却是可以无限接近的。每个人都懂得努力去追求理想，望着自己远在天边的梦想，一次次地暗下决心一定要做到，但其中真正小有成就者有几人？

也许我们会感觉困惑，努力了，也坚定了自己的理想，怎么总是处处碰壁呢？生活中有这样一种人，他们常常只专注于结果，一心一意，盯着结果却忽略过程，匆匆忙忙地，以自己想当然的方法去思考、做事，最后总是适得其反，你是不是属于这种人呢？

芸芸众生中，能做大事的实在太少，多数人只能做一些具体的事、琐碎的事、单调的事，也许过于平淡，也许鸡毛蒜皮，但这就是工作，就是生活，是成就大事的不可缺少的基础。我们必须改变心浮气躁、浅尝辄止的毛病，经济的快速发展，使得专业化程度越来越高，社会分工越来越细，这要求我们要更加专注细节，精益求精。

在工作和生活中，那些追求完美的人，也许他们不具备出众的才华、振奋的激情，但他们一定拥有一颗关注细节、精益求精的心。他们心中有一座灯塔，不管白天与黑夜，他们永远细心地追寻生活中的目标。对于大多数人来说，顺其自然造就了他们的平庸无奇，粗心大意让他们时常功败垂成。为什么在可以选择更好的时候我们总是甘于平庸？为什么我们总是有理由纵容自己碌碌无为？

如果一个运动员专注细节，不追求完美的话，那么他不可能赢得金牌，能把金牌带回家的运动员必须超越其他所有人和已有的记录，不用上百分之百的劲儿哪能成功。不要总说别人对你的期望值比你对自己的期望值高，不要老是觉得自己的工作很不错，经常让别人来评判你的工作是否让人满意，如果哪个人在你所做的工作中找到失误，那么你就不是完美的，你也不需要去找一些理由，还是回去再把工作做得更完美一点吧！

也许有人心宽体胖，会说做到99分就很不错了，何必再花大力气做到100分呢？西方流传的一首民谣可以对此作形象的说明。这首民谣说：丢失一个钉子，坏了一只蹄铁；坏了一只蹄铁，折了一匹战马；折了一匹战马，伤了一位骑士；伤了一位骑士，输了一场战斗；输了一场战斗，亡了一个帝国。

你把一切都做得很好，就留下这么一个瑕疵，可能最后要你命的就是这个瑕疵了。对于我们来说，从早到晚，不管阴天还是晴天，也不管是不是受到胸闷、头疼或心脏病的困扰——每天都必须到达指定的地方，开始工作。而只有在坚持工作数个小时后，休息才显得格外甜美惬意。

无论在哪里，账本上的数字必须精确无误；无论在哪个仓库，货物的数量必须和清单上一致；无论何时，对孩子、顾客和邻居的态度必须和蔼可亲。简而言之，无论做什么事情，我们都要付出百分之一百二的努力，这种品质才能铸就成功。

执着追求，善始又善终

秦朝末年，家境贫寒的陈平爱好道表法里的黄老之术，他担任过魏王咎的太仆，项羽的都尉，刘邦的军中尉。他献计使项羽疏远谋士范增，汉朝建立后，他被封为曲逆侯，历任惠帝、吕后、文帝三朝丞相，他能应付各种情况并能善始善终。一个人做事需善始善终，要做好事情的开头，更要做好事情的结尾。许多人在做一件事情时，往往能很好开始却不能很好地持之以恒。这样的人不管怎样努力，最终的结果只是在心中期盼一个又一个春天，却看不到秋天收获的风景。

一位劳碌了一生的老木匠准备退休，他为这家公司做出了很大的贡献。从开始上班的第一天起，他就在这里工作，从学徒，到师爷，每一步都走得扎扎实实。

这天，他告诉老板，说自己的身体不能承担过重的体力劳动了，要离开建筑行业，回家与妻子儿女享受天伦之乐。老板只得答应，但问他是否可以帮忙再建一座房子，老木匠答应了。在盖房过程中，大家都看得出来，老木匠的心已不在工作上了。他用料也不那么严格了，做出的活也全无往日水准。老板并没有说什么，只是在房子建好后，把钥匙交给了老木匠。“这是你的房子，我送给你的礼物。”老木匠愣住了，同样，他的后悔与羞愧大家也都看出来了。他这一生盖了多少好房子，最后却为自己建了这样一幢粗制滥造的房子。

在生活中，幸运总会降临到你的头上，而承载这分幸运的则是你善始善终的态度。最后关头一点点的漫不经心，往往会让你损失惨重，后悔不已。人生的获得，在于每一次都竭尽全力的努力，不管是在开始，还是在结束。每一小步都走得坚实，走到一个阶段的最后，你所积累的会显得更加深厚。

很多人都明白，人与人之间的才智差别并不是很大，但许多看上去才智不佳的人都同样取得了成功，而许多本来才智高超的人却很落魄。原因并不是后者做事能力差，而是因为成功者能够认认真真地把事情做到最后，而失败者却总是见异思迁，什么事都只做一点点或做到一半，便放弃了，在他们的人生里留下了许多的“半截子”工程。实践证明，如果每个人都能够一心一意做事并坚持到最后，许多事情都会有好的结果。

有一次，丘吉尔应邀要参加演讲会，在会前反复背诵讲稿，对着镜子反复进行演讲练习，只怕到时候出丑被人耻笑。

然而，他一进入演讲会场就紧张得心跳加速，满脸冒汗，大腿也不听使唤地颤抖。他走上讲台做了次深呼吸，然后给台下人鞠了个躬，开始演讲。可是因为太紧张，没讲几句话，脑子里就出现了一片空白，本来背得滚瓜烂熟的讲稿却一句也想不起来了，他急得涨红了脸，只好尴尬地离开讲台，不得不放弃了演讲机会。

丘吉尔为自己第一次的演讲失败而感到羞愧，回到家里觉得无地自容，他认为这是他的奇耻大辱。他永远也不能忘记这次演讲不仅没有得到台下听众的热烈掌声，还看到了一双双羞辱的目光。他不相信自己是天生的笨蛋，他相信只要克服了演讲时的紧张恐惧心理，就一定会成为杰出的演说家。他把那次演讲出丑的事，当成他学习演讲的动力。他自己寻找机会大胆地面对观众，大声地说自己想说的话和观点，他不再刻意提前拟稿和背稿，而是尽兴发挥演讲，结果他的演讲效果一次比一次好。

1940年，丘吉尔当选为英国首相，他的脱稿就职讲话精彩纷呈，不仅观点鲜明，神态自然，铿锵有力，而且说出了人们想说而没能说出的话，句句都打动人心，博得了一阵又一阵的掌声。在反法西斯战斗中，他精辟的演讲振奋了英国军民的士气，成为鼓舞士兵一次又一次打败强敌的动力。

丘吉尔在改变自己的过程中所表现出的善始善终精神令我们感动。许多人，如果经历了那样丢尽脸面的演讲场合，就会永远地避开类似的场合，不再进行演讲活动。然而，丘吉尔却没有被这样的失败所击倒，而是把挫败当成了追求成功的动力。找到自己挫败的原因后，进行不懈努力，善始善终地磨练自己的演讲能力，正是丘吉尔高于常人的关键所在。

万事开头难，但万事有个圆满的结局更是难上加难。我们大多数人做事都能在开始之时雄心勃勃，把开头的事情做得井井有条，可是做来做去没多久，就会因为种种因素产生厌烦心理，以至于做事越来越粗糙，结果不是半途而废，就是不能有令人满意甚至于不能令自己满意的结局。由此可见，真的是世上无难事，只怕有心人，善始善终才是人生最大的成功，而人生最大的败笔之一，就是做什么事都半途而废，无功而返。

对于学生或刚刚步入社会的青年来说，开始做事时，他们热情高涨，但这股热情很快就会被接踵而来的困难消磨殆尽，或者做事情的三分钟热度一退，就马上改变了主意，这山望着那山高，于是又放弃原来的计划而开始了新的行动，他们就是这样无休止地做着有头无尾的事情，以至于留下无数个“烂摊子”工程。他们不能获取成功，因为他们不能把自己的行动和愿望贯彻到底，聪明的猎人不仅跟踪猎物，重要的是他们会最终捕获猎物。

做到善始又善终，必须有执着追求、始终如一的精神。老舍先生毕其一生的精力，耐住了寂寞和枯燥研究文学，用自己的执着追求体现了善始善终的精神。鲁迅、巴金等成功的大师们无一不是做事善始善终的模范。

一个人如果做人和做事上不具备善始善终的素质，就意味着他是生活的弱者，无论他曾经有过怎样的风光和辉煌，他的人生也将充满悲伤与苦难。一个人如果在为人和做事上都做到了善始善终，就意味着他必然是生活的强者，也必然能够收获到平静而幸福的人生。

沉下身心，是为了飞得更高

卢梭曾说："节制和劳动是人类的两个真正医生。"即使每个人都是块好铁，总得经过打磨才能成钢。你在为生存而付出的劳动里，锻炼了一切与理想相关的东西，比如自信、尊严、才识和能力。沉重是生活的一部分，我们享受生活的欢乐，也要接纳生活的沉重，因为生命中有一些责任是你必须要承担的，你必须负重前行，脚步才不会太飘忽。

一个人要想有所作为，首先要从清理思想、改变观念开始。如果总是犹豫不决，一成不变，那么机会是不会主动光顾他的。而能沉下心来的人，他的思考富有高度的弹性，不会有刻板的观念，而能吸收各种信息，形成一个庞大而多样的信息库，这将是他的本钱。

这一年，玛丽从大学毕业，她决定在纽约扎根并做出一番事业来。她的专业是建筑设计，本来毕业时是和一家著名的建筑设计院签了工作意向的，但由于那家设计院在外地，玛丽经考虑后决定不去。如果去了，她会受到系统的专业训练，并将一直沿着建筑设计的路子走下去。可是一想到会几十年在一个不变的环境里工作，或许永远没有出头之日，这点让玛丽彻底断了去那里工作的念头。

玛丽在纽约找了几家建筑公司，大公司不要没有经验的刚出校门的学生，小公司玛丽又看不上，无奈只好转行，到一家贸易公司做市场营销。一段时间后，由于业绩得不到提高，身心疲惫的玛丽对工作产生了厌倦情绪。但心高气傲的她觉得如果自己单干肯定会更好，于是她联系了几个朋友一起做建材生意。本以为自己是“专业人士”，做建材生意有优势，可是建筑设计与建材销售毕竟是两码事。不到一年，生意亏本了，朋友们也因利益关系闹得不欢而散。

无奈之下的玛丽只好再换工作，挣钱还债。由于对工作环境不满意，几年下来，她又先后换了几次工作，玛丽对前途彻底失去了信心。现在专业知识已忘得差不多了，由于没有实践经验，再想做几乎是不可能了。玛丽虽然工作经验丰富，跨了好几个行业，可是没有一段经历能称得上成功……现实的残酷使玛丽陷入很尴尬的境地，这是她当初无论如何也没想到的。

“这山望着那山高”的想法切不可有，如果你忽略了理想必须扎根在现实的土壤上的话，结果只能被理想和现实同时抛弃。学会沉下心来，因为你在人生的过程中会看到许多山峰，但你不可能翻越每一座山峰，得到所有美好的东西。命运对任何人都是公平的，当你为没有得到而苦恼时，还是仔细想一下自己将会失去什么吧！

许多人在步入社会的初期都拥有远大的抱负，一心只想一鸣惊人，而不去埋头耕耘。等到忽然有一天，他看见比他起步晚的，比他天资差的，都已经有了可观的收获，他才惊觉到自己这片园地上还是一无所有。他这才明白，不是上天没有给他理想或志愿，而是他一心只等待丰收，忘了播种。

沉下心做事，就是要面对现实，面向未来，顺从规律，顺应大势，不做拔苗助长的蠢事。扎扎实实，一步一个脚印地走，才能循序渐进，一步一步登上事业的巅峰。

心有目标，世界为你让路

大凡做出巨大成就的人，都知道自己想成就的是什么，他们绝不像太平洋中没有指南针的船只一样，随风飘荡。成就梦想，定下目标是第一步，然后思考如何达成自己的目标。这道理似乎老生常谈，但令人惊讶的是，许多人都没有认清：为自己制定目标以及执行计划，是唯一能超越别人的可行途径。

每个人的行为都是有目的性的，一般来说，没有目的性的行为是没有意义的。生活中没有目标的人就是可怜的糊涂虫，他们永远没有办法找到成功的途径。车尔尼雪夫斯基曾说：“一个没有受到献身热情所鼓舞的人，永远不会做出什么伟大的事情。”人一旦失去了目标，就意味着失去了人生的推动力，失败必将来临。当然，在追寻目标的过程中，我们应该有自己的立场，不能被他人所左右。

一个没有目标的人就像是一艘没有舵的船，永远在飘泊不定，只会到达失望和丧气的海滩。许多人即使付出了艰辛的努力，但还是无法成功，其实，这是因为他们的目标总是模糊不清或者根本不切实际。在生活中，一旦我们确立了清晰的目标，也就产生了前进的动力，所以，目标不仅仅是奋斗的方向，更是一种对自己的鞭策。

有人曾这样说，一个人无论他现在多大年龄，其真正的人生之旅，是从设定目标那一天开始的，之前的日子，只不过是在绕圈子而已。要想获得成功，我们就必须拥有一个清晰而明确的目标，目标是催人奋进的动力。如果你缺失了目标，即使每天你不停地奔波劳碌，也还是无法获得成功，而成功者之所以能轻松地走到成功，是因为他们的目标明确，眼光长远。

第9章

战胜自己，克制弱点趋向完美

一个人最大的敌人不是别人，而是自己。修炼身心，与自己的弱点抗衡，是成长所必需的。人总有优点和缺点，我们所需要的是扬长避短，趋利避害，将弱点转化为力量，更好地完善自己。

远离嫉妒，多关注自己

什么是嫉妒？翻阅《心理学大辞典》不难找到心理学家对于嫉妒的准确定义——嫉妒是和他人比较，发现自己在才能、名誉、地位或境遇等方面不如别人，并且因此而产生的一种由羞愧、愤怒、怨恨等组成的复杂的情绪状态。其实，嫉妒是一种非常普遍的心理学现象，因为每个人从降临人世开始，就开始唯我独尊，把自己当成是猴群里的“王”，即猴王心理。

在民间，诸如“吃不到葡萄说葡萄酸”“红眼病”等，也都是用来形容嫉妒心理的。嫉妒是一种负能量很大的情绪，人们一旦心生嫉妒，就会变得暴躁不安，失望消沉，对人充满敌意，憎恨原本不相干的人，甚至做出某些丧失理智的事情。

那么，人们到底因何心生嫉妒呢？其实，对于嫉妒心强的人来说，很多事情都会使其情绪产生波动。例如，学校里，学生们因为谁考第一而心生嫉妒；办公室里，女同事因为别人买了一条金项链而自己没有，变得愤愤不平；街坊里，阿姨因为自己的儿媳妇没有别人家的儿媳妇好看而气愤；工作中，男性同胞因为没有得到某个职位，而嫉妒那个官升高位的人……总之，嫉妒的起因形形色色，而最根本的原因是因为没有良好的心态。其实，嫉妒不仅会对别人的生活产生困扰，而且会给自己的生活带来很大的影响。

生活中没有任何人会处处领先，命运是公平的，它为你关上一扇门，就会为你打开一扇窗。同样的，当你拥有很多的时候，它也会给你一点小小的遗憾。对于生活中那些比我们更加优秀的人，我们完全可以取人所长，补己之短，而不必一味地被嫉妒之火烤炙，最终无法忍受，害人害己。

人生苦短，每个人都像蜗牛一样背负着沉重的壳。既然这样，我们为什么还要给自己徒增烦恼呢？如果觉得不快乐，不妨想想那些不如自己的人，再想想如何学习别人的优点，壮大自己。

与人为善，多帮助别人

自私是一种普遍存在的社会现象，也是人的心理属性之一。可以说，自私是人的本能，无私是人社会化之后呈现出来的高尚品质。如此说来，面对别人的自私，我们应该怀着一颗宽容之心，人有很多劣性，自私也是其中之一。人是群居动物，任何人都不可能绝对孤立地存在，可以说，每个人都生活在社会之中。当一个人还是襁褓中的婴儿时，他生活在社会的最小单位——家庭之中。当婴儿渐渐长大，走出家门，他就开始进入学校，在学校单位接受系统的教育。等到他终于长大成人，有了独立的思想，能够自由地行动后，他变成了完全意义上的社会人。他开始工作，与同事打交道，同时，也可以与社会有更加密切频繁的接触，这个时候，自私是更加要不得的。

与自私相对应的行为是拒绝付出，而在社会上，要想与人更好地相处，从别人那里得到我们想要的，首先要做的就是付出。很多时候，渡人就是渡己，很多事情，从表面看起来我们是帮助了别人，实际上，是别人帮助了我们。既然我们都生活在这个世界上，既然每一个人都在地球村同呼吸，共命运，我们就应该给予同类更多的善意。随着社会的发展，自私的含义越来越丰富，现在，自私还有更深一层的意思。如今，我们所说的自私往往指的是在损人的基础上做出的利己行为。毫无疑问，这种行为是完全不可取的，自私的心理一旦扭曲变形，变成了损人利己的驱动力量，你也就再无生存和发展的空间。试想，谁愿意和一个为了达到目的不择手段的人交往？几千年的文化，使我们的社会有了约定俗成的道德约束，不遵守公共道德的人，必然会遭到人们的唾弃。

当遇到需要帮助的人时，也许我们只需要做一件很微不足道的小事，就能给予人莫大的帮助，很多时候，人生就是由无数件小事组成的。回头想想，影响我们一生的未必是惊天动地的大事，而恰恰是这些小事。在帮助别人的时候，我们感受到了付出的快乐，与此同时，我们也帮助了自己的内心。这就像我们送给别人一支玫瑰，别人拿走了玫瑰，但是我们的心底里却有玫瑰在无声地盛开。

唯有宽容，才能使人真心悔改

曾经有名人说，“世界上最宽阔的是海洋，比海洋宽阔的是天空，比天空更宽阔的是人的胸怀。”由此可见，有宽容之心的人，必然有着比海洋和天空更加辽阔高远的胸怀。人们为什么对宽容有着这么多的美言佳句呢？归根结底，是因为生活离不开宽容。

就像我们吃饭的时候，牙齿常常不小心咬到舌头，轻则起个水泡，重则流出鲜血。要知道，如此天造地设的牙齿和舌头都有不和谐的时候，更何况人与人之间呢？即使是和生我们养我们的父母，也常常会有误解，会有委屈。那么，和朋友呢？和爱人呢？可以说，越是亲近的人之间，越需要宽容。当然，人是群居动物，在和其他陌生人打交道的时候，宽容也同样是必须的。最近几年，陌生人突然发飙，伤害无辜孩子和行人的事情时常发生，究其原因，肯定是其中有人不够宽容。人们常说，得理不饶人，其实，得理更应该饶人，常言道，退一步海阔天空。许多突发的恶性事件，如果当事人能够各退一步，不逞口舌之快，也许就不会发生那么多悲惨的事情。其实，所谓的吃亏占便宜，原本没有标准可以衡量，唯一的杠杆在于，在遇到事情的时候，你是否能够平复自己的内心。要知道，最难过的坎不在于外界，只在于你的内心。

关于宽容，古人常说“以德报怨”，对于大多数现代人，“以德报怨”的要求未免太高。那么，能不能做到不追究的宽容？每个人，在做出一个决定的时候，一定有着不得已的苦衷。如果我们能够体察他的苦衷不追究，想必他一定会在心里默默记住你的好，下次也会有所收敛。其实，以恶制恶未必是最好的方法，唯有宽容，才能使人真心悔改。

在这个世界上，每个人的财富都不一样，有的人富可敌国，有的人穷不聊生，然而，唯有宽容，是人人都有的美德。一个人即使再怎么贫穷，也不会被剥夺宽容的权利。一个人再怎么富有，也没有向别人施以宽容的人强大。所以，要向使自己尽快地成长，我们首先应该学会宽容。

古人云，冤冤相报何时了，当别人伤害我们的时候，如果我们只是一味地想要寻找一切机会实施报复，那么只会使怨恨越来越深。相反，如果我们能够宽容地对待伤害我们的人，他肯定不会丧心病狂地再次伤害我们。在混沌的社会中，宽容就像一汪清澈的泉水，流进每一个人的心里。

宽容不但能够消解别人的怨气，还能加深彼此之间的感情。试想，当别人用爱和真诚温暖你受伤的心灵时，你还会变本加厉地继续报复吗？宽容就像雪中送炭，使人倍感温暖，在这个个性鲜明的时代，唯有宽容，能够帮助人们走向理解，走向温暖。宽容的人往往有着博大的胸襟，所以他们从不轻易地愤恨。也正因为如此，宽容的人很少发脾气，很少动肝火，也保护了自己。因此，人们常常说，宽宥别人，就是原谅自己。

让我们学会宽容吧，它是生活的艺术！

抑制冲动，冷静后再决定

生活之中，后悔之事常常发生，但却没有卖后悔药的。所以，无数人痛哭流涕，悔不当初，甚至悔青了肠子，其实，后悔的产生，无外乎是因为冲动。在冷静理智的情况下，人们往往能够静下心来分析事情的利弊，选择最合理的解决方案。往往在事情突发之时，人们被愤怒冲昏头脑，根本没有时间静下来思考，所以不假思索地做出反应，接下来就是满世界地找后悔药吃。

为了控制冲动，为了不要被魔鬼扼住咽喉，我们应该学会掌控自己的情绪。就像交通要道口写的标语一样：宁停三分，不抢一秒。同样的道理，不管发生什么事情，不要不假思索地做出反应，尤其是事情比较恶劣，使我们陷入愤怒的泥沼中时，一定不要马上做出反应。可以冷静十分钟之后再做决定，如果事情没有那么急迫，也可以过一个晚上再想想怎么做。这样一来，就不至于做出使自己后悔万分的事情，否则，一旦事情发生，即使你再怎么后悔，也是无法挽回的。

其实，冲动这个魔鬼住在我们每个人的心里，它伺机而动，恨不得抓住一切机会让我们成为它的奴隶，古人云，三思而后行，也是因为这个道理。很多时候，虽然我们在冲动之下没有做出无法挽回的事情，而只是说了一些不该说的话，后果也是非常严重的。试想，如果你有一个闺中好友，只因为有一天你误会她与你的男朋友接近，就口不择言地说了很多难听的话，自此，你失去了这个闺蜜，后来却发现她只是在叮嘱你的男朋友好好爱你，你会十分后悔。很多事情，我们看到的未必是真的，我们听到的也有可能是谎言。既然我们不是明察秋毫的福尔摩斯，我们就应该给予真相一段时间去还原。无论如何，不要轻易种下怨恨的种子，否则就中了冲动的奸计，一辈子都生活在懊悔之中。

固执己见，是一种偏激的坚持

大圣人孔子曰：“毋喜、毋必、毋固、毋我。”在这四个“毋”中，固执是最最要不得的。生活中，常常有人自夸执着，殊不知，很多时候，人们都分不清执着与固执。虽然这两个词语只有一字之差，但是意思却大相径庭。执着是一种可贵的坚持，最终会有所收获，但是固执却是一种偏激的坚持，往往是因为心理狭隘导致的。

如果一个人很固执，他往往不能接受别人的意见或者建议。他始终认为自己是对的，别人是错的，如此一来，他所犯的错误就没有改正的机会，最终酿成大错。孔圣人说的四个不要，不固执是中心。执着的人不会轻易放弃，但是能够听进去别人的金玉良言；固执的人全都是死脑筋，总是想把自认为对的事情灌输给别人，而毫不在乎别人的所思所想所感。因此，固执的人不但自己活得累，身边的人也会疲愈不堪。

现代社会是多元社会，很多事情的解决方案都与以往不同。因此，在遇到事情的时候，死钻牛角尖的人肯定会吃亏。固执的人往往特别看重自己的尊严，有的时候，为了维护那可怜的尊严，他们宁愿付出比变通大得多的代价。或者即使知道自己错了，他们也不会认错，把一切劝他变通的人和话，都视为别有用心。在生活和工作中，这样的人其实很多，他们总是爱表现得特立独行，以此吸引别人的眼球，博得别人的注意。对于这样的人，我们可以绕道而行，因为与他们争论毫无意义。当然，也正因为认识到固执的恶劣影响，我们自己千万要时刻自省，不要在不知不觉间变成一个固执己见的人。

每个人都生活在社会中，与形形色色的人打交道。对于任何人来说，都没有完全的自由，因为人不可能脱离其他个体独自生存。所以，我们不但要赢得别人的尊重和理解，也要学会理解和尊重他人。正所谓己所不欲勿施于人，我们应该设身处地地站在别人的角度考虑问题，接受别人的合理建议。从心理学的角度来说，不管是在生活还是在工作中，每个人都需要得到别人的认可，这种心理迫切希望得到满足。所以，不管什么时候，不管是占理还是不占理，我们都要学会给别人留有余地，也给自己留下回旋的空间，这与圆滑、世故无关，而是一种处世的哲学。

不怀功利之心，坦然面对得失

《论语·阳货》中记载，子曰："鄙可与事君也与哉？其未得之也，患不得；既得之，患失之。苟患失之，无所不至矣。"这句话的意思是说：孔子说，"能和人品恶劣的人一起为君主服务吗？没有得到的时候，他处于忧虑之中，生怕得不到；得到之后，他依然处于忧虑之中，生怕失去已经得到的。假如一个人担心失去，那就什么事情都能做得出来。"这句话，孔子原本用来形容那些一心想得到官位，得到官位之后又担心失去的人。这种人，孔子认为他们会因为害怕失去而做出一切事情，甚至损害他人的利益，危害集体。当然，孔子说的是对的，这样的人的确使人害怕，也是一个集体之中的害群之马。在现实生活中，这样的人随处可见，因为他们的功利心太强，太患得患失。

实际上，一个人如果患得患失，自己也是非常痛苦的。因为他们的心里始终很紧张，不知道应该如何坦然面对外界的人和事，所以他们活着的每个时刻都如履薄冰。他们每分每秒都在算计，在想自己怎样才能利益最大化，才能一点儿亏都不吃，净是赚便宜。对于患得患失的人而言，人生就像哲学家叔本华所说的，从未有真正幸福和满足的时候，而一直在痛苦与无聊、欲望与失望之间不停地摇晃，就像钟摆。现代社会，生活节奏越来越快，人们在职场上的竞争也越来越激烈，所以，越来越多的人们陷入了患得患失的泥沼，无法自拔。因此，那些从容淡定、坦然面对生活的人，才是真正幸福的。

很久很久以前，有位神射手，名叫后羿。他射箭的技术非常高超，即使隔着很远的距离，也能打中杨树的叶子。而且，不管是以怎样的姿势，他都能打中目标，从未出现任何失误。渐渐地，人们口耳相传，他的名气越来越大。一个偶然的机会，夏王亲眼看到后羿高超的射箭技术后，非常欣赏他。有一天，夏王突然心血来潮，决定把后羿召入宫中，让他把炉火纯青、出神入化的箭术单独表演给自己看。

后羿来到王宫的御花园，夏王早已让下人在平坦的地方立好了一块一尺见方的箭靶，这个箭靶是用兽皮做的，箭心大概一寸。夏王一边指着远处的箭靶，一边对后羿说："我早就领教了你高超的箭术，今天，你要专门为我表演一次。不过，这次不同于往日你和别人比箭，像你这样的高手，一个人表演可能会觉得很无趣乏味。这样吧，我为你定个赏罚规则：假如你一箭射中靶心，我就给你一万两黄金，作为奖励；但是，假如你没有射中靶心，那么，作为惩罚，我要削减你一千户的封地。好了，你准备开始表演吧。"

夏王话音刚落，后羿就变了脸色。原本轻松自如的他，面色凝重。他步履沉重地走到距离箭靶一百步远的地方，取出一支箭，搭在弓弦上，摆好瞄准的姿势。那一瞬间，他突然觉得箭有千斤重，因为他的身家性命也和这一箭联系在了一起。想到这里，向来从容不迫的后羿呼吸急促，手也开始发抖，瞄准几次都没有射箭。等到他终于狠下心松开弦后，箭居然有史以来地没有射中靶心。后羿脸色惨白，仓皇间射出的第二箭距离靶心更远了。

后羿黯然离开王宫，夏王也未免觉得扫兴。他失望地问下属："后羿不是神箭手嘛，今天怎么水平这么差？"下属沉思片刻，回答道："后羿以前射箭都没有奖罚，这次却关系到他的身家性命，所以，他的心就乱了，射箭的水平也受到了影响。看来，一个真正优秀的神箭手，还必须心静如水，不把利益放在眼里啊！"

原本百发百中的神箭手后羿，就因为有了夏王的奖罚规定，箭术大打折扣。看来，我们要想在成功的路上勇往直前，还不能过于计较自己的利益得失，只有平常心做事，才能更加趋于完美。

现实生活中，很多事情都是和我们的切身利益相关的，你做好准备了吗？只有不怀功利之心，坦然面对利益的得失，才能朝着成功更进一步。

第 10 章

内心强大，从容不迫无所畏惧

身处于竞争日益激烈的现代社会，我们需要拥有强大的内心，才能立于不败之地。世间万象，皆由心生。如果我们的内心足够强大，那我们在生活中也会非常强大的，化劣势为优势，在任何时候都能够坚韧向前，永不屈服。

内心强大，才能战胜一切

人最大的敌人是谁？是自己。很多时候，我们觉得恐惧、焦虑、不安，这些负面的情绪和感受，都来自于我们的内心。如果我们的内心足够强大，就不会轻易被来自于外界的恐惧打败，所以，我们首先要做的是战胜自己。很多时候，我们觉得自己很了解自己，殊不知，我们最熟悉的人是自己，最陌生的人也是自己。苏轼曾经作诗表达自己人在庐山却无法欣赏庐山全景的感慨——“不识庐山真面目，只缘身在此山中”。这句话的道理显而易见，我们之所以说自己是最熟悉的陌生人，是因为我们住在自己的心里，所以无法客观公正地评价自己的内心。甚至有很多时候，我们会发现对自己很陌生，因为我们的内心常常会跳出我们完全不了解的一些想法或者观念。由此可见，要想战胜自己，我们首先要了解自己的内心。

也许有人会说，我觉得自己很强大，无需战胜自己，我就已经足够强大了。或许，你有着很高的职位，或许你有金钱和权势，也或许你体格健壮，是个无人能敌的强者，然而，这并不意味着你的内心同样强大。很多人把强大理解为没有人能够战胜的力量，其实，强大更多的时候代表着平静。一个情绪特别容易起波澜的人，不能称之为一个强大的人，举例来说，有个人非常强壮，但是很容易动怒。如果你想打倒他，不用动手，只需要激怒他就可以让他被怒火冲昏头脑，这不叫真正的强大。还有的人心思狭隘，经常因为一些不值一提的小事就郁郁寡欢，生活之于他，似乎就是每天生气再生气，郁闷再郁闷，这样的人，权势再高，也不叫强大。古代有些皇帝，贵为天子，动不动就杀戮成性，用武力治理天下，其实他们的内心很空虚，这样的人更不能称之为强大。真正的强者，拥有一颗淡定从容的心，大肚能容天下之事，笑口常开无所忧虑。遇到高兴的事不会得意忘形，遇到为难的事不会一筹莫展，遇到吃亏上当的事可以宽容别人，这才是真正的强者。

1867年，居里夫人出生在波兰，她的家庭非常贫困，也许正是这样贫困的生活铸就了她坚持不懈的顽强毅力。由于家里没有多余的钱供养她，居里夫人在巴黎读书时，生活条件非常简陋，她租住的小阁楼里什么都没有，只能勉强遮风挡雨。为了读书，她在图书馆度过了每一个夜晚。每当冬天到来时，即使她把自己所有的衣服都穿在身上，也还是冻得颤颤巍巍。为了省钱，她每天只吃面包，喝水，即使生活如此艰难，居里夫人依然顽强地学习，从未想过放弃。四年过去了，勤奋好学的她顺利取得了物理学和数学硕士学位。

1895年，居里夫人和志同道合的比埃尔·居里组成了家庭，结婚之后，他们的生活依然很贫困。然而，他们并不在意自己的生活，而是携手并肩，开始在科学研究的道路上一起前行。为了找到一种能穿透非透明物体的射线，他们借用了一个阴暗潮湿的木棚。为了节省研究经费，他们不惜走很远的路，去买一种价格相对低廉的沥青矿渣，作为提炼那种射线的原材料。

他们的实验设备非常简陋，但是这丝毫没有影响他们对于实验的热情。居里夫人每天都穿着肮脏的工作服，拿着木棍搅拌大锅中加热的沥青矿渣。为了节省人力，他们没有助手，居里夫人必须自己搬动四十多斤的容器。在经历无数次失败之后，她也毫不气馁，整整用了四年时间，才从好几吨的原材料里提取出1/10克镭的化合物——氯化镭。这种物质的放射性很强，能够穿透很多物质，氯化镭的问世，让整个世界大为震惊。1903年，居里夫妇获得了诺贝尔奖。

三年之后，比埃尔·居里因为车祸去世了。居里夫人不但失去了挚爱的丈夫，也失去了科学道路上最好的导师。在如此沉重的打击下，她依然振奋精神，继续进行科学研究。时间又过去了好几年，居里夫人终于成功提炼出1克纯镭。她把这宝贵的镭捐献给了法国镭学研究院，很多癌症病人因此获益。1911年，居里夫人再次获得诺贝尔奖。

因为内心的强大，居里夫人虽一生历经坎坷，在科学研究的道路上吃足了苦头，但是她却从未放弃过，更未妥协过。正是因为她有着坚强无比的内心，她才能为科学事业的发展做出如此卓越的贡献，也才能两次获得诺贝尔奖。

在人生的道路上，不管做什么事情，要想获得成功，我们都应该首先让自己的内心强大起来。唯有如此，我们才能坦然面对不期而至的灾难和苦难，才能一往无前地走下去。

接纳自己，不必太完美

这个世界上有绝对的完美吗？大多数人都认为有，并且以完美为标准去要求很多人、很多事情，当然，也用来要求自己。然而，你真的能够达到完美吗？其实，世界上根本没有绝对的完美，就像任何事情都有利有弊一样，所以，我们常常追求完美而不得。这样的痛苦，使我们开始质疑自己，把自己折磨得苦不堪言。

生活中，有完美情结的人往往生活得很痛苦。记得很久以前读小学的时候，我几乎每天都要做的事情就是撕掉作业本的某一页。为什么呢？因为我觉得这一页有字写得不够好看，或者写错了，破坏了作业本整体的完美。结局是什么呢？结局是我的作业本用到最后，只剩下封面和封底，偶尔里面会有最后一页作业纸，依然不尽如人意，这就是追求完美的结果。既然完美的东西不存在，那么唯有毁灭，才能让我们追求完美的永生，但是，这个方式并不适合成年人的生活。你觉得自己的鼻子长得不好看，或者可以去隆鼻；你觉得自己的眼睛不够大，或许可以割个双眼皮，使其显得大一些；你觉得衣服不好看，可以丢掉重买；但是如果你觉得自己整个人都不够完美，真的没法"退货"；你觉得自己的人生经历不够完美，真的没法回过头去重写；你高考的题目写错了，交卷之后真的没法再和老师把试卷要回来改一改……这就是人生的无奈。对于这些无法重新来过也没有机会弥补的不完美，怎么办？郁结于心，始终为此闷闷不乐？那么你将会失去更多。

苗苗是个丑小鸭，她总是这样自我嘲讽。为此，苗苗最大的愿望就是赶紧长大，自己挣钱，去把自己变得美一些。大学毕业参加工作后的第一份工资，苗苗很想给在农村辛苦劳作的父母，然而，思来想去，她还是把这个工资拿去做了个双眼皮。她一直觉得自己眼睛太小了，又觉得自己鼻子也不够好看。当然，她最大的心病是自己个子太矮了，又矮又胖。

就这样，苗苗不停地攒钱，省吃俭用，和同事也很少交往。终于又攒了一些钱，她又去美容院做了鼻梁，后来，她开始减肥，尝试各种减肥药，增高药。有一次，因为吃减肥药，她拉肚子拉得差点儿虚脱了。折腾来折腾去，虽然小脸儿蜡黄蜡黄的，总算瘦了一点儿。觉得自己改头换面的苗苗，兴奋得买了车票回家，她想让爸爸妈妈看看变漂亮了的自己。然而，打开家门的那一刹那，父母惊愕了，得知苗苗整容了，爸爸气得浑身颤抖，妈妈伤心得一个劲儿哭。苗苗呢，她觉得自己没有错，因此理直气壮地说："为什么你们把我生得这么丑？你们以为我愿意去整容吗？我也很痛苦。其他女孩子，或者身材好，或者长得漂亮，或者很白皙，或者人家家里有钱，有漂亮的衣服可以穿。只有我，我什么也没有，如果我不整容，我连个像样的男朋友都找不到。"听到苗苗的话，妈妈哭得更伤心了。

这时，爸爸语重心长地说："苗苗，有件事情我们一直没有告诉你，你不是我和你妈亲生的，你是我们从路边捡来的。当时，天已经很晚了，你在襁褓里哭，如果我们不把你捡回家，你就会冻死。为了你，我和你妈妈一辈子没要自己的孩子。虽然你不那么漂亮，但是在我们心里你是最好的孩子，为你付出一切都是值得的。你去整容，再怎么努力，也不可能变成大明星，为什么不能好好地充实自己，过出个样儿来呢？你整得再好看，又有什么用呢？”

听到爸爸哽咽的诉说，苗苗彻底惊呆了。她居然是一个弃儿，原本可能在寒冷的夜里被冻死的，却在爸爸妈妈的疼爱下幸福地长大成人。她突然间想明白了，她决定不再在乎自己是否是最漂亮的，她只想好好地工作，报答爸爸妈妈的辛苦养育之恩。从此之后，苗苗变得快乐了，每天开开心心地工作，工作之余还学习充电，同事们也都越来越喜欢她。最让苗苗开心的是，单位里一个非常帅的男同事，居然向她表达了爱意，还说自己就喜欢她这样积极乐观开朗的女孩。

没有人能够实现别人眼中的完美，因为众口难调，我们不可能完全洞察别人的内心，迎合每一个人。所以，我们应该学会接受自己的不完美，当你对自己变得宽容，你也会对别人变得宽容，接受别人的不完美，如此和气友善的人，一定会赢得很多朋友。

人生之中，美好的东西实在太多太多，我们不可能拥有全部。所以，让自己淡然一些吧，因为命运是公平的，上帝在为你关闭一扇门的同时，肯定会为你打开一扇窗。只要乐观积极，开朗向上，你一定会幸福的，和完美与否无关！

找到焦虑症结，多找积极的事情做

生活中有一种奇怪的现象，如果你注意观察婴幼儿，就会发现。民间有种说法，叫“大小脸”，指的是几个月的孩子因为睡觉总是朝着一侧，所以脸庞一边大些，一边小些。虽然差异不是那么大，但是细心的人还是能看出来的。听到这里，你心里一定会想：这个小孩，一定是经常朝着脸大的那一侧睡觉，所以把脸压扁了。其实呢，有经验的人会让你下次睡觉朝着脸小的那一侧睡，因为被压之后，脸小的那一侧会长得大些。这就证实了，受到挤压的那一侧，才是长得比较大那一侧。这说明了一个什么问题呢？用一个不太形象的话来说，就是“哪里有压迫，哪里就有反抗”，听起来很好笑，事实恰恰如此。因为婴儿总是朝着一侧睡觉，所以被挤压的那一侧就会努力地生长。七八十年代的人都知道，那个年代的学龄孩子，常常有肩膀一边高一边低的现象。这又是为什么呢？那会儿还没有双肩背包，大多数孩子多是背着母亲缝制的布袋子装书本。由于总是在一边背，渐渐地，背书袋的那一侧肩膀就会显得高些。这是因为被书袋子压着，那边的肩膀总是不由自主地使劲往上。这样说来，压制并不能解决问题，反而是放松，才能得到更均衡的发展。

现代社会，生活压力非常大，工作节奏紧张，因此人们常常会陷入焦虑之中。焦虑说到底只是一种情绪，在没有达到一定的严重程度之前，完全不能称之为疾病。所以，如果你也陷入了焦虑之中，那么千万不要产生排斥心理。很多人一想到自己焦虑了，恨不得马上把这个包袱从肩膀上甩下来，结果事与愿违，越是重视焦虑，排斥焦虑，焦虑的程度就越是加重。这也就印证了上文的两个事例，那么，最好的办法是什么呢？要想消除焦虑，首先要做的是从心理上接受焦虑，焦虑只是一种很正常的心理情绪，没有什么大不了的。它就和我们高兴的时候会笑，悲伤的时候会哭一样，烦恼了自然会焦虑。接受焦虑之后，我们接下来要学会和焦虑和谐相处，所谓和谐相处，就是不以焦虑为“苦”。我们既不排斥它，也不否定它，更不与它纠缠和较劲，它在就在吧，它原本就应该存在于我们的各种情绪之中，如此想来，你就不会把它当回事了。日久天长，在你不知不觉的情况下，焦虑就消失得无影无踪了。

一旦你真正接受了焦虑，能够与焦虑友好相处，你就不会再因为小小的焦虑而心烦意乱。你还可以想出很多积极的方法排解焦虑，例如，喜欢看电影的朋友，可以约着爱人、家人或者朋友、同事去看一场心仪已久的电影；喜欢大自然的朋友，可以约上三两知己去郊外游玩；喜欢读书的朋友，不妨泡杯茶，读读书；喜欢大海的朋友，去海边吹吹风，听听浪声，也是不错的选择，总之，要选择让你心旷神怡、精神愉悦的事情去做。还有一个最简单直接的办法，就是对着镜子里的自己笑，这种方法听起来可笑，然而，对于心情极度抑郁的人，却能起到立竿见影的效果。当你真正假装对着镜子里的自己笑时，你会发现心情真的好一点儿了，笑着笑着，你就发自内心地笑了，焦虑自然被赶跑了很多。

前段时间，张明最好的同事李杜突然去世了，李杜很年轻，和张明年纪相仿，四十多岁。对于职场人士来说，这正是黄金年龄，已经到了事业小有成就、生活稳定的阶段。然而，李杜还没有来得及享受这一切，就丢下妻子儿女，离开了人世。李杜死于脑溢血，都没来得及抢救，他在猝死之前加了三天三夜的班。李杜总是这样，是个典型的工作狂人，看着李杜的妻子哭得肝肠寸断，张明也很伤心。他暗暗告诉自己：工作很重要，身体健康更重要，一旦顶梁柱垮了，家就塌了。

参加完李杜的葬礼一个多月，张明总觉得自己头晕目眩，心慌气短。他惶惶地想："我不是也生病了吧？"就这样，因为焦虑，他晚上开始失眠。越是失眠，越是想睡觉，越是想睡觉，越是睡不着。看着张明的黑眼圈，妻子纳闷地问："咱们最近没熬夜啊，你怎么会缺少睡眠呢？"张明把自己的感受告诉妻子，妻子说："不会的，我们还是比较注意劳逸结合的，平日里吃饭也清淡少油，你别胡思乱想了。"妻子的安慰并没有打消张明的顾虑，看着张明还是夜夜失眠，聪明的妻子说："这样吧，睡不着咱们就起来看电影。如果你担心身体有恙，我就陪你去医院检查检查。"说完，妻子打开家庭影院，陪着张明看电影，果然，一部电影没看完，张明就困得睡着了。看着睡得香甜的张明，妻子打开电脑，预约了一家医院的全套体检。

体检结果很好，张明的身体一切正常，壮得像头牛。又看了几个晚上的电影，他的失眠也好了，这一切，都要感谢充满智慧的妻子啊！

得知张明失眠，妻子并没有着急，而是气定神闲地打开家庭影院陪着张明看电影。妻子知道，越是排斥失眠，失眠就会越严重，既然睡不着，不如做点喜欢的事情，也是一种收获。得知张明的心病和焦虑的病根之后，妻子马上定了非常全面的体检套餐，打消了张明心里的顾虑。要知道，同龄人的猝然离世，给活着的人会带来巨大的压力。现在的张明，在妻子的治疗下，心里毫无郁结，每天都精神抖擞地上班，回家之后陪着妻子儿女享受天伦之乐。

现代社会的生活节奏越来越快，各种压力越来越大，大多数现代人都生活在焦虑之中，对焦虑挥之不去。面对焦虑，有些人采取放纵的态度，任由其愈演愈烈。其实，面对焦虑，我们应该积极地动起来，找到焦虑的症结，再找些积极的事情做，焦虑就会自然消散了。

你担心的大多数事都不会发生

生活中，很多人都会未雨绸缪，在事情发生之前进行各种规划，让事情未来进展得更加顺利。这样全面考虑问题，当然是很好的，不过，凡事物极必反。如果一个人面对任何问题的时候都预先设想各种坏情况，那么他就会因为担忧而止步不前。例如，一个人在开公司之前，想到最好的情况，也想到最坏的情况，然后坚定不移地去做，这叫果决。如果一个人在开公司之前总是患得患失，又怕赔本，又怕公司不挣钱，又怕会不会像2008年那样突然来一次金融危机，又怕自己的公司被其他新兴的公司击垮……各种担心各种怕，那么，他开公司的梦想永远也不会实现。有这样多的忧虑并因为忧虑止步不前，就是杞人忧天。要知道，如果总是担心天塌下来，那么在天真正塌下来之前，你就已经因为忧愁和担心崩溃了。与其为那些不太可能发生的事情焦虑担忧，不如把更多的时间和精力用于活好现在。人，永远活在当下，不管你把未来设想得多么美好，或者是多么悲惨，你都永远不可能活到未来，因为等到未来真正到来的时候，也无一例外地变成了现在。

现代社会，越来越多的人被各种各样的杞人忧天所禁锢。就拿最饱受争议的现代爱情来说吧，曾经，我们说爱，不管地老天荒，不管天涯海角，更不管什么房子车子和票子，唯一让我们奋不顾身投入婚姻的，就是纯粹的爱情。当时的人们结婚很简单，单位分的一间房子，或者是租借来的一间房子，有张床就可以了。现在呢？姑且不说结婚的目的变得复杂，单说结婚的形式，就已经变得让大多数年轻人大呼：结不起！现在的很多人，在找对象的时候，已经不再把彼此的好感排在首位，而是要关心对方的物质条件，关心对方有没有能力升官加爵。一份幸福美满的婚姻，这些东西原本不应该是双方一起去努力获得的吗？什么时候变成了结婚的筹码？结婚的男男女女，如果不考虑这么多物质的因素，来一场时髦的裸婚，也许会发现面包有了牛奶有了一切都有了，当然，比别人多的是同甘共苦、一起奋斗的深情厚谊。只有这样的爱情，才能为幸福的婚姻生活打下坚实的基础。

小敏的单位是国企，体制庞大，有很多闲散人员。加上单位又上了新的流水线，节省了很多的人力。为此，领导痛下决心，决定裁掉一批人员，轻装从简上阵，适应市场经济的规律。得到这个消息后，小敏担心极了，她问好朋友丽丽："丽丽，你听说要裁员的消息了吗？你说，咱们要是没有工作了，那可怎么办啊？以后，咱们归谁管呢？"丽丽淡然地说："听说了啊，不过，你也别着急，因为着急也没用。要知道，裁员不裁员又不是咱们说了算的。" 小敏还是很担心："现在社会这么复杂，咱们万一被裁员了可怎么办啊？想想都可怕。”丽丽说：“小敏姐，你就别担心了。你看，你是咱们厂的技术骨干，就算把大家都裁了，也轮不到你啊。我这种半吊子的水平都不担心，你担心什么呢？况且，不管裁不裁的，也不归咱们管。咱们啊，只管干好手里的活，其他的交给领导决定吧。”丽丽的话并没有安慰到小敏，小敏一整天脑海里都在徘徊着裁员的事情。

晚上回家，小敏又和丈夫唠叨这件事情，丈夫的说法和丽丽一样，说干好自己的工作就行，其他的也担心不来。小敏却失眠了，她脑海中翻来覆去地琢磨着万一被裁员，应该做点儿小生意，小买卖。但是思来想去，小敏觉得自己什么生意也做不成，家里怎么生活呢？只靠她丈夫的工资，根本不能养活一家老老小小。想着想着，天亮了，小敏彻夜未眠，就这样，小敏此后几乎没有一天睡好觉的，工作上还因此犯了好几个小错误，被领导批评了。

一个多月后，裁员名单公布了，小敏紧张地看着公告榜，发现没有自己的名字，长长地嘘了口气。然而，丽丽告诉她的事情又让她郁闷了，原来，领导原本准备借着裁员的机会提拔小敏当车间的主任，就因为小敏杞人忧天，睡眠不足，在工作上犯了错误，所以就没有提拔她。

事例中的小敏，就是典型的杞人忧天。对于自己无法操控的事情，担心不能起到任何作用。既然如此，不如踏踏实实做好工作，其他的就兵来将挡，水来土掩吧。但是小敏偏偏放不下，每天茶饭不思，夜不能寐，最终错过了升职的机会。

生活中，很多事情都未必会发生，即使一定会发生，如果不是我们的力量所能控制的，担忧也毫无意义。如此想来，就全心全意地做好自己吧，然后坦然面对已经发生的和即将发生的就好。

你的安全感来源于自己

爱情是生活中不可或缺的调味剂，如果没有爱情，一切都会黯然失色。对于爱情，很多人都有着自己的憧憬和渴望，相爱的时候，彼此恨不得变成两个泥人，被打碎了重新塑造，你中有我，我中有你。然而，爱情的烈焰总是那么快地就会褪去，当爱情不再，两个人要分手的时候，各种理由千奇百怪。当然，其中说得最多的理由是：你不能给我安全感。什么叫安全感？在爱情之后，安全感指的是对方能够让我们很放心，爱得投入，而不担心没有回报，爱得热烈，而不担心一朝冷却。那么，爱情的安全感必须由对方给予吗？其实不然。爱情之中，安全感并非只能由对方给予，很大程度上，如果我们足够优秀，能够吸引自己所爱的人，爱情就会长久保鲜。有人曾经说过，花若盛开，清风自来，如果你在爱情中是一朵人见人爱的花，安全感自然也就有了。所以，归根结底，你的安全感来源于你自己。

不仅仅爱情之中的安全感是自己给自己的，在工作中，也是这样。很多人在求职的时候，会考虑到公司的福利待遇、发展前景等，但他们忘记了，一旦进入公司，他们就与公司同舟共济了，所以公司的发展前景，其实很大程度上取决于他们在工作上的表现。现代职场，每年都有越来越多的大学应届毕业生涌入，这对于很多老员工来说，也是一种巨大的冲击。在计划经济中，我们的祖辈曾经一份工作世代相传，干完一辈子之后还能传给我们的父亲。现在呢，有几个人能在一家单位工作一辈子？不但你在淘汰公司，公司也在不断地优胜劣汰，说不定哪天就会淘汰到你的头上。要想在社会上生存，就要有一技之长，要想在一个岗位上长久地留下去，就要顺应社会的发展，跟随行业发展的脚步，不断地学习和充电，这样，你的位置才不会被人取代。

很多人抱怨现在的人活着太累，没有任何保障。他们甚至羡慕父辈，可以在一个工作岗位工作一辈子，孩子上学、老人生病，都有单位管。现在呢？一切的一切都要靠自己，其实，现在的模式是更加完善和公平的模式。社会保障体系越来越完善，社会也在给人民解决养老和医疗的问题，只要年轻的时候认真努力地工作，一切就都不是问题。最重要的在于，我们一定要相信命运紧握在我们自己的手中，这样才能奋起把握自己的命运，为自己的人生添砖加瓦，增光添彩。

刘刚曾经在一家规模很大的国企上班。对于单位，他有着无限的忠诚，很多时候，他在家的时间都没有在单位的时间多。他似乎已经把单位当成了自己的家，总是和手下的那帮兄弟泡在工厂的车间里。刘刚常常说："工厂，就是我的家，我的命。"

在市场经济搞活没几年，刘刚的工厂要大批裁员，刘刚也在裁员之列。刚开始得知这个噩耗的时候，刘刚简直不知所措。他总是问自己："我哪里做错了，为什么工厂要把我开除呢？"虽然同事们都劝慰他，说这是改革的大潮，不是把大家开除了，可刘刚还是想不透。有段时间，他非常消沉，常常喝酒，喝醉了，就去工厂外面的路上走来走去。直到有一天，他的儿子考上了大学，但是家里却拿不出学费，妻子才气愤地骂他："你还算是个男人吗？刚刚下岗的时候，大家看你伤心，说你对工厂感情深。现在你睁开眼看看，人家老李两口子，下岗之后开个小吃铺，现在一个月挣得比过去三个月的工资还多。老王两口子，人家天天去市场上卖菜，孩子上大学的学费轻轻松松就拿出来了。只有咱们家，儿子考的大学比谁家孩子都有出息，你这个窝囊废的爹却拿不出学费来。你再这样下去，咱们全家就要喝西北风了。"刘刚苦恼地喊道："厂子没了啊，再多的钱有什么用？"

妻子更生气了，骂道："挣到钱了，你还要厂子干嘛？归根结底，咱们不就是为了挣钱过好日子嘛！咱们还活着，有手有脚，四肢健全，脑袋也不傻。凭啥人家都过上好日子，咱家就得喝西北风呢！你还要你这张老脸么，你让以前的同事都怎么看你啊！"

妻子的话如醍醐灌顶，刘刚突然醒悟了。是啊，自己还好好地活着，有手有脚，为什么不能去挣钱养家呢？说到底，工厂曾经给我的保障，只要自己自谋生路，也可以自己给自己啊。工厂不要我了，但是，我不能自己不要自己。归根结底，我要对自己、对家庭和孩子负责，想明白之后，刘刚很快就找到了生计。他在工厂的时候就会修理电器，如今他开了一家家电修理铺，为街坊四邻修理家电，生意非常好。

命运掌握在自己手中，只有我们自己，才能保障自己的生活。认识到这个道理后，刘刚才重新找到人生的方向，或者说是开始了崭新的人生。谁能说，他开家电修理铺的人生没有在工厂里工作的人生好呢？对于人生的每一个改变，与其逃避，拒不接受，不如坦然面对，只有这样，我们才能拥有崭新的机遇，开创人生的新天地。

用时间和行动证明自己

人，是一种强烈需要认同感的动物。所以，很多时候，我们把大量的时间用于了向别人解释我们的所作所为。但是，如果我们的作为没有损害别人的利益，也没有影响别人的生活，我们为什么要解释呢？仅仅是因为需要别人对我们说“看，他做的是对的”这句话吗？其实，前文就曾经说过，在这个世界上，不管我们多么努力，多么委曲求全，我们都无法让所有人都喜欢和认可我们。所以，我为什么要解释呢？我只需要做好自己，不损害别人的利益。对于懂我的人，我不说，他也会明白，对于不懂我的人，即使我说得口干舌燥，他对我也依然是不理解。也许有人会说，我们总是需要鼓励和支持，没关系，三两个知己的全力支持，足够支撑你走完艰难的成功之路。

曾经有人说，解释就是掩饰，掩饰就是确有其事。这句话未免有失偏颇，因为它把所有的解释都曲解为欲盖弥彰。说这句话的人，不会信任任何人，而生活中这样的人不在少数。对于他们，一句话的解释都是多余的，因为他们从内心深处就不愿意相信别人，又怎么会在乎别人说了什么呢？其实，他们之所以如此抵触解释，就是害怕真相，对于拒绝真相的人，就更没有必要去解释了。古人说，清者自清，浊者自浊，我们做人做事，只要凭着自己的良心，做到问心无愧就好，无需过多地在意别人的看法。毕竟，每个人都有自己的观点和考量，不会所有人都站在你的角度去考虑问题。很多时候，用语言去解释是苍白无力的，远远不如用时间和行动证明自己，这会比三寸不烂之舌更加让人信服。

菁菁和阿丽是大学时代的同窗，也是最好的闺蜜。大学毕业后，菁菁去了上海打拼，阿丽则回到了家乡的小县城，当了一名教师。对于刚毕业的大学生来说，回家真的是一种无奈的选择。阿丽虽然人回到了家乡，但是心却不甘，她一边在家当着老师，一边向往着繁华的大上海。她常常问菁菁工作的情况，当听说菁菁一个月能挣到五六千的时候，阿丽恨死自己一千多块的工资了。然而，父母坚决反对她辞职，她自己也担心到了大城市太苦太累，不能适应。就这样，两个好朋友天各一方，但也没有断了联系。

几年之后，阿丽谈了个男朋友，到了谈婚论嫁的年纪，阿丽想买房，却没有那么多钱。想起好友菁菁在上海一个月工资那么高，肯定有很多积蓄，她向菁菁求援了。不想，菁菁说自己也在准备买房，而且积攒的工资都在股市里，一下子也拿不出来。听到菁菁的话，阿丽伤心极了，她觉得肯定是好朋友不想帮自己，所以找了推脱之词。

有一段时间，阿丽不再联系菁菁，偶尔菁菁找她聊天，她也是爱搭不理的。对此，菁菁并没有解释什么，她只说：“各人有各人的难处，大城市开销很大，房价也贵得离谱。”就这样，两个好朋友生分了，淡淡地保持着联系。

直到和男友结婚度蜜月去了一趟上海，阿丽才知道菁菁在上海生活得并不像她想得那么风光。首先，就是上海的房价的确是太高了，难怪菁菁提到买房的时候，满是无奈呢，此刻，阿丽知道了菁菁所说的房奴是什么意思。其次，在大城市生活，各种成本和开支飙升，或许菁菁虽然拿着高薪，手里的积蓄却近乎没有。这次蜜月旅行，阿丽没有打扰菁菁，回家之后，她渐渐地和菁菁恢复了亲密友好的关系，虽然菁菁依然没有解释。

作为旁观者，我们永远不知道当事者真实的情况。就像事例中的阿丽，如果不是蜜月旅行去了上海，亲身体验了上海的高消费，高房价，也许还会一直埋怨菁菁没有帮她。幸好，这趟旅行让她理解了菁菁的苦衷。虽然菁菁自始至终没有解释，好闺蜜阿丽却了解了菁菁的生存状况。对于阿丽这样的真朋友，不需要解释，她也能理解。

生活中，工作中，误解常常发生，如果我们总是想把所有人心中对我们的疑惑都消除掉，那么我们就什么也做不成了。对于值得珍惜的人，再难也要解释清楚，对于不相干的人，再简单也无需解释。误解始终存在，我们却要坦然地活着，坦然地做最真的自己。

第 11 章

独立自主，依靠自己把握人生

我们的命运掌握在自己的手里，凡事靠自己，改变命运更需要靠自己。生活中，任何事情都需要坚持，尽力而为，世界上没有天生的强者，强者都是磨练出来的。学会掌握人生主动权，不依赖别人获取安全感。

忍住泪水，积极地想办法

人有七情，喜、怒、忧、惧、爱、憎、欲，对应这些感情，就有了哭哭笑笑的人生。快乐的时候，我们欢笑；悲伤的时候，我们哭泣；担忧的时候，我们紧凑眉头；憎恶的时候，我们撇撇嘴巴，表达不屑……人的表情非常丰富，可以表达内心深处极其细微的感情。著名画家徐悲鸿观察力极其敏锐，曾经把人的表情归为喜、怒、哀、惧、爱、厌、勇、怯这些类别。其实，这只是大类，如果仔细分辨，人的表情足足高达7000种以上，可谓千变万化。那么，究竟是什么支撑着如此丰富的表情在人类脸上轮番上演呢？研究证实，人类的脸上有几千条肌肉可以调动，以此来表达丰富的情绪。这些肌肉是人类表情的导演，让喜怒哀乐惧等情绪轮番在我们的脸上呈现。如此多的表情之中，有一种非常特殊的表情，它伴随我们来到人世，陪伴我们一生，那就是——哭。

新生儿为什么会哭呢？很多人都知道，新生儿呱呱坠地的时候必须哭，如果不哭，医生甚至会拍拍他的小屁股，让他发出强有力的哭声。新生儿的哭泣是一种正常的生理活动，哭泣能够促进新生儿的肺部发育，扩大新生儿的肺活量。因此，新生儿的哭泣纯粹出于生理需求，他哭时也是以此昭告世界：我来了。在此之后，在学会用语言表达自己的需求之前，婴儿大多数是用哭泣表达自己的需要。饿了要哭，尿了要哭，困了要哭，便便了要哭，或者觉得哪里不舒服了，也要哭……如此多的哭声，需要妈妈用心去感受，才能分辨出婴儿的需要。可以说，在出生后的很长一段时间内，哭是婴儿的语言。

长大以后，我们很少哭泣，哭泣，似乎是怯懦软弱的代名词。女性还好，因为哭泣似乎是她们的专利，人们很少去指责一个因为伤心而哭泣的女性。男性则不同，几千年来，社会赋予男性勇敢承担的角色，所以成年男性很少哭泣，因此才有“男儿有泪不轻弹”。其实，哭泣并非一无是处，至少哭泣可以帮助我们发泄感情，让我们能够很好地舒展情绪，不至于郁结于心。然而，从解决问题的角度来说，哭泣则是毫无用处的，哭泣能解决问题吗？不能。事情的结果会因为你的哭泣改变吗？不能。哭泣能够弥补事情的结果吗？不能。这么多的不能，让我们意识到，哭泣于事无补，所以，如果你想发泄情绪，那就找个没人的地方痛痛快快地哭一场。如果你想解决问题，那么就忍住泪水，积极地想办法。

秀高考落榜了，原本她以为自己能考进一所很好的大学。谁也想不到，她因为紧张发挥失常，与心仪的大学失之交臂。高考，在那个年代，意味着一生的梦想，秀觉得自己的人生垮了，她不好意思去复读，觉得太丢人了。所以，她选择在家里哭泣，几个月了，她从未出家门，每天夜里都泪湿枕巾，让父母操碎了心。

一天，去上大学的米粒回家看望父母，她是秀最好的朋友，还是三年的高中同窗。当听说秀到现在还没有走出高考落榜的阴影时，米粒觉得应该去看看秀，骂醒她。看到秀，米粒大吃一惊，虽然时间只过去几个月，但秀红润的脸庞已经塌陷，脸色蜡黄蜡黄的，再看看秀的父母，已然老了好几岁。看到米粒来了，秀的父母很高兴，他们知道，秀和米粒是好朋友。

米粒劈头盖脸地问："秀，你到底准备哭到什么时候？"秀眼睛红红的，说："你去上大学了，当然不理解我的心情。我完了，这辈子都完了。"米粒嗤之以鼻，不屑地说："我不是因为你没考上大学鄙视你，但是我因为你现在的样子鄙视你。哭有用吗？今年考不上，如果想考，明年也可以考啊。如果不想考，那就该干嘛干嘛去，不上大学的人多了，人家不也活得好好的嘛！"秀绝望地说："不上大学能干什么，只能种地。我不想面朝黄土，背朝天。"米粒突然故作神秘地对秀说："秀，你和我去我读大学的那个城市吧，你知道吗，大城市工作机会很多，不上大学，也能找工作。再告诉你一个秘密，我们的辅导老师就不是大学生。他和你一样，高考落榜了，后来参加了工作，又自学成才，读完了研究生。现在是我们的辅导老师呢。”秀瞪大眼睛：“你说的是真的吗？工作了，也还可以再读书？”米粒毋庸置疑地说：“当然了。现在教育的方式多种多样，想要提升学历也很容易。为了替你打听这些事情，我专门去请教的辅导老师呢！”听了米粒的话，秀的眼睛放出了光芒。

秀背起行囊去了大城市打工，她不想自己因为高考失利再增加父母的负担。她要边工作，边学习，提升自己，她一定不能比米粒落后，她暗暗告诉自己。

哭泣，只能发泄我们的情绪，而不管遇到什么事，我们都不能永远地沉迷于负面情绪之中。再悲伤，再绝望，情绪都终究要散去，如果一直沉浸在负面情绪中不能自拔，每天哭肿了眼睛，最终的结果只能是耽误自己的前程，使自己的人生沉沦，再沉沦。秀很幸运，有米粒这个好朋友，米粒给她指出了一条道路，让她重新看到生活的希望，未来，秀一定会走出属于自己的人生。

朋友们，你们是否也常常哭泣？现代社会，生活节奏越来越快，生活压力越来越大。如果觉得心情不好，不妨约上三五好友，做些让自己开心的事情。如果遇到难处，想要哭泣，那就尽情地哭吧，别忘了，哭泣之后，擦干泪水，继续前进！

相信自己，你会走得更远

细心的人会发现，成功的人大多很自信，所谓自信，就是相信自己。为什么自信能够激励我们走向成功呢？自信的人首先都非常了解自己，正因为了解，所以他们才变得自信。他们能够接受自己的很多方面，不管是优点还是缺点，从而做到与这些特性和谐共生，扬长避短。常言道，金无足赤，人无完人，在这个世界上，没有绝对完美的人。面对自己的不完美，自卑的人会因此而自卑，对自己失去信心，自信的人却能够正确认知自己的缺点，从而弥补自己的不足，发挥自己的优势。如此良性循环，才会不断成长和成熟，渐渐变得接近于完美。

自信的人往往很坚定，因为他们相信自己，所以对自己所做的选择，总是勇往直前地去实现。他们从不退缩，因为他们知道自己的决定是经过深思熟虑做出来的，他们知道自己的选择是正确的，所以，他们在奋斗的过程中更加坚定不移，更有韧性，更义无返顾。即使在奋斗的过程中遇到困难，他们也会告诉自己困难只是暂时的，胜利就在前方。因为强烈地相信自己，因为迫切渴望证实自己，信心总是能够激发出他们的潜能，激发出他们巨大的能力，帮助他们走向成功。

在生活中，我们常常渴望得到别人的认可。很多事情，都不能凭借一己之力获得成功，而必须借助于团队的力量，因此，在现代职场上，如何融入团队，获得团队里其他成员的认可，成为我们获得成功的关键因素。要想成为团队的核心人物，我们必须获得其他队员的信任，而获得其他队员的信任的先决条件就是，我们必须自信。试想，如果一个人自己都不相信自己，别人又怎么会相信他呢？自信，是赢得别人信任的先决条件。自信的人有着与众不同的魅力，他们勇敢而又果断，处事不惊，有自己的想法和决断力，从不动摇。这种魅力吸引着大家聚集到他的身边，与他同心协力，走向成功。

敏昊是一位非常优秀的新闻记者，在业界小有名气。谁都不知道，如今口齿伶俐的敏昊，小时候是一个口吃的孩子。敏昊口吃是有原因的，敏昊从小和奶奶在河南老家长大，他的父母都在北京工作。敏昊直到六岁的时候，才被父母接到北京生活。然而，敏昊一口的河南话，这让他入学之后经常被同学们嘲笑。渐渐地，年幼的敏昊产生了自卑心理，一开口说话，就会非常紧张，最终变成了一个小结巴，后来，敏昊就很少说话了。课堂上，他从不主动举手回答老师的提问；课间，他也不和同学们玩，而是一个人默默地坐在那里看书。直到初中时代，敏昊的普通话才有所改观，不过说话依然有着河南口音。

为了帮助敏昊树立自信，爸爸妈妈为他报名参加了夏令营。正是这次夏令营，让敏昊找回了自信，他再也不自卑，所以才会成长为优秀的新闻记者。

在那次夏令营中，敏昊被老师指定担任“连长”。要知道，连长要负责管理二十多个调皮捣蛋的孩子，这让敏昊受宠若惊，他暗暗告诉自己：我一定不能辜负老师的信任，一定要当好连长，带领大家在比赛中取得好成绩。果然，敏昊再也不顾及自己的河南口音普通话，而是义无反顾地带领着连里的战友们往前冲。不管任务多么艰巨，他都一马当先，吃苦耐劳。最终，他们连在本次夏令营结束的时候，被评选为“尖刀连”。即将离开夏令营的敏昊问老师：“老师，你为什么把那么艰巨的任务交给我呢？”老师抚摸着他的头，说：“因为，你可以胜任这份工作。”从此，敏昊坚信，自己具备很多优秀的品质，能够担当重任，他，找回了自信。

一次夏令营，改变了敏昊的一生，因为他变成了一个自信的人。自信的力量就是如此强大，自信的敏昊带着队友们冲锋陷阵，一马当先，整个连队形成了很强的团队凝聚力，所以才能夺得“尖刀连”的荣誉称号。

在职场上，也是如此，很多在领导岗位的人都不知道如何增强团队凝聚力，其实，要想成为团队核心人物，首先要自信。你的自信会感染团队里的其他成员，让他们和你一样，变得一往无前。

强者，是能控制自己情绪的人

人有七情，其中之一就是怒，生活中不尽是欢笑，我们常常会因为各种各样的事情生气。自古以来，人们已经意识到愤怒的坏处，诸如气大伤身，怒大伤肝等，都在告诉我们怒气会损害身体。后来，瑞典生理学家经过实验证实，人在生气的时候，体内会分泌去甲肾上腺素，这对身体健康有严重损害。《维多利亚宣言》也曾提出健康生活的四个必要条件，其中包括：合理膳食、适量运动、戒烟限酒和心理平衡。所谓心理平衡，就是要控制喜怒哀乐，既不大喜，亦不大悲，更不轻易动怒。

常言道，“人生不如意事十之八九，唯有快乐在心头”。愤怒不但会伤害我们的身体健康，还会使人失去理智。很多让人扼腕叹息的悲剧之所以发生，就是因为当事人被愤怒冲昏了头，最终做出了丧失理智的事情，冷静之后即使追悔莫及，却也于事无补。也许有人会说，很多时候，真的很生气，不是自己劝自己几句就能冷静下来的。怒气上来，就像喝醉了酒，理智完全不受控制，这时应该怎么办呢？从这几句话的描述来看，愤怒的确很可怕，它使我们就像变了一个人，连自己都不认识自己。最好的办法就是转移注意力，告诉自己，稍等片刻再生气，用这段时间去做一些让自己开心的事情，诸如唱首歌，浇浇花，练习书法，从而帮助自己恢复平静。也可以找自己信得过的朋友倾诉一下，需要注意的是，千万不要找火上浇油的损友。人是听人劝的，别人说的话往往对我们有很大的影响，尤其是当我们信任这个人的时候。等到怒气过去，不再在气头上，回过头来看，也许你会发现，原本让你怒火中烧的事情其实没什么大不了的，根本不值得大动肝火。

正是因为愤怒会让人失去理智，所以在现代的职场上，激将法频频被使用。对于容易动怒的人来说，这个方法几乎屡试不爽，尤其是在谈判桌上，激怒对方几乎成了剑拔弩张的双方制胜的法宝。要想破解对方的激怒法，我们就要成为一个不容易被激怒的人。只有平静自己的内心，让自己不会轻易动怒，对方才会无计可施。那么，如何做到不动怒呢？首先，我们要修炼自己的内心，认识到这个世界上，除了人命关天的大事，没什么事情是过不去的。和一切相比，唯有生命最重要，所以，任何事情都不值得我们动怒。想一想，身体是我们自己的，气坏了身体，只有最亲的家人跟着倒霉，坏人只会幸灾乐祸。既然如此，我们为什么要做亲者痛，仇者快的事情呢？其次，我们应该修炼自己的内心，遇事停三分，这是一个很好的平静内心的方法。不管发生任何事情，三分钟之内都不要急于做出反应。给自己的头脑三分钟冷静时间，等到三分钟之后再开口说话，你会发现你的理智已经回来了一部分。

对于一个动辄就发怒的人，激怒他就是制服他的方法；对于一个波澜不惊的人，往往很难找到他的弱点。所以，要想让自己变得强大，除了提升自己的能力之外，最重要的是修炼自己的内心，让自己变得从容淡定。记住，不动怒，就不容易露出破绽，最强大的人，是能够控制自己情绪的人。

老邓头60岁了，和老伴、儿子一家三口住在一起。他很爱喝酒，每次喝醉酒都会耍酒疯。一天晚上，他又喝多了，开始骂老伴，又埋怨儿子无能，工作上毫无起色。一家人已经习惯了老邓头发酒疯，就不再理他，全都匆匆吃完饭，各自回到卧室。然而，老邓头还是不放过他们。他端着酒杯，骂骂咧咧地，跟在老伴身后来到儿子卧室。看到老伴把小孙子放到床上，他抬手就开始打老伴，儿子看不过眼，攥着老邓头的手腕，把他拖出卧室。不想，老邓头居然拿着菜刀再次来到儿子卧室，说要杀了全家，并且再次开始殴打老伴。

这时，儿子再也忍受不了，拿起刀开始疯狂地砍老邓头，直到老邓头一动不动，母亲才终于夺下他的刀。但是，老邓头已经气绝身亡了，最终，儿子以故意伤害罪锒铛入狱。

李娜是公司的首席谈判高手，对于李娜，每个曾经和她一起参加过谈判的人都心服口服。其实，李娜的谈判战术也很常规，无非是有理有据，入木三分。但是，她有一个地方谁也学不来，那就是从不动怒。李娜似乎是个不会生气的人，面对谈判对象的胡搅蛮缠，她始终笑眯眯的，兵来将挡，水来土掩，就是从不动怒。很多时候，对手都已经着急了，李娜却还是慢条斯理，不疾不徐。也正因为如此，李娜才能在一次次谈判中保持清醒和理智，从未露出破绽，反而总是能抓住对方的破绽，一举得胜。

愤怒的力量太可怕了，可以让亲生儿子不顾一切地杀死父亲。虽然父亲有错在先，但是法律规定任何人都没有剥夺他人生命的权利，更何况这个人是生养他的父亲。也许很多人能够理解儿子的做法，然而，法不容情，儿子付出的代价是惨重的，转眼之间，一老一小两代人的家庭全都支离破碎，如果不能控制好怒气，这样的惨祸还会发生。

在第二个事例中，李娜作为首席谈判官，把自己的情绪控制得非常好。其实，谈判的过程就是心理博弈的过程。谈判看似是客观条件的较量，实际上完全是心理战。心理上占据优势的人，才能谈笑间樯橹灰飞烟灭，否则，心理防线一旦被打破，我们马上就会全线溃败。

从现在开始，每个人都应该把愤怒当成自己最大的敌人。只有战胜了怒气，我们才能让别人对我们无计可施。

任何事情，你必须独自面对

从呱呱坠地，到长大成人，再到在社会上独自打拼，人的一生之中，有很多第一次需要我们独自面对。来到这个世界上的第一秒，我们独自面对脱离温暖母体的冰冷，这就是我们感受到的世界的温度；蹒跚学步，我们独自面对第一次摔倒，接受疼痛的感觉，爬起来，继续走；和父母分房而居，第一次独自面对一张床，它让我们觉得很无助，但是我们必须独自面对；大学毕业后找工作，面试的过程不能结伴而行，我们独自面对威严的面试官，心里打着小鼓……人生之中，有太多的第一次，父母陪伴我们走过很多，还有很多无人可以替代，必须自己独自面对。迄今为止，我仍记得自己第一次面对黑暗。那时候还小，为了和同学一起去看电影，说是看电影，其实是在大厅里和小伙伴们疯狂地玩耍。父母不愿意去，我就自己和同学去了。去的时候是同学来家里找我的，回来的时候，我们在小巷子口分开了，面对那么幽暗深长的巷子，两侧还长着蠢蠢欲动的杂草，我的心砰砰直跳，仿佛想从胸腔里一跃而出。我不顾一切地跑向家的方向，耳畔是呼呼的风声，从此以后，我不再那么害怕黑暗了。即使天黑了，我也会帮妈妈去几百米远的代销点打酱油，买腐乳……这大概就是成长吧，只有独自面对，我们才能成长。

在职场上，有更多的第一次等待着我们，新进公司的应届毕业生，有太多的东西需要学习。在学校，大学四年，我们从未独立使用过打印机，也可能不知道如何发快递，更可能不知道怎样在网上帮同事们订餐，这些都是小问题。如果让你独自面对客户的刁难呢？你如何是好？面对工作中出现的突发状况，你不可能让领导来帮你解决问题，你只能独自面对。或者向同事求助，或者向老员工请教，这一切你都要独自去协调，去面对。然而，一回生，两回熟，当你向别人请教过就一次打印机怎么用之后，你就再也不会面对打印机发怯了。当你凭着自己的三寸不烂之舌把问题向客户解释清楚之后，你瞬间就有了自信。当你第一次出差，胆战心惊地找到机场的登机口和出口之后，你再看到机场都会觉得很亲切。这就是独自面对的魔力，对于任何事情，你必须独自面对，才能积累属于自己的经验，处理它们时才能变得更加熟练。

因为搬家，爸爸妈妈给甜甜换了一个幼儿园。去了新幼儿园一天之后，甜甜就明白了自己要独自面对一个完全陌生的集体，所以她产生了抗拒的心理，第二天早晨，又哭又闹，怎么也不愿意去幼儿园。

妈妈心软了，准备请一天假在家带她。爸爸却坚持要把甜甜送去幼儿园，当然，在送去之前，爸爸也没少做甜甜的思想工作：“宝贝儿，你看看，新幼儿园多么漂亮啊，从此以后，那里就是你的新家了。白天，你在新家里和小朋友们一起玩，下午放学，爸爸妈妈就会去接你回来。”甜甜哭着喊道：“我不要去新幼儿园，我要去找李老师，我要去找我的好朋友娜娜。”爸爸又说：“甜甜，你看看，新幼儿园的张老师也很漂亮啊！而且，这个新幼儿园的小朋友都非常友好，你很快就会认识更多的朋友。等到星期天，爸爸妈妈就会带你回之前的幼儿园看李老师还有娜娜，好不好？”爸爸好话说尽，才终于把挂着泪痕的甜甜送进了幼儿园。

傍晚去接甜甜的时候，爸爸心里也很忐忑。然而，看着甜甜高兴地牵着小朋友的手走了出来，爸爸心里的石头落地了。他问甜甜：“宝贝儿，今天高兴吗？”甜甜撅着小嘴撒娇地说：“这里的红烧肉没有以前好吃，不过，张老师今天穿的裙子很漂亮，她答应等我长大了也送我一件。”

过了一个月，甜甜已经完全融入了这个新的集体，她又有了新朋友，每天都高高兴兴地去上学。

时至今日，我依然记得《小鬼当家》里的小小主人公，一个人面对空荡荡的家，还有坏人的捣乱，他那么勇敢、聪明、坚强，始终独自面对这一切。事例中的小甜甜也不错，很快就适应了新幼儿园，要知道，面对完全陌生的老师和同学，她完全是靠自己小小的智慧去融入新集体的哦！

小小的孩子体内都蕴藏着如此巨大的能量，更何况是我们呢？人生之路虽然坎坷崎岖，但是我们仍然要昂首挺胸地大步往前走。因为，我们只有独自面对，才能越来越勇敢，越来越坚强，最终成为生活的强者。

主动求变，掌控自己人生

人的一生，是不断接受改变的一生。的确如此，我们的生活时时刻刻都在变化，我们也在争分夺秒地适应这种变化。每当面对一些突然发生的改变时，我们就会手忙脚乱，不知所措。其实，要想让生活变得轻松一些，我们不妨改变思路和方法。既然改变终归要发生，我们不妨变被动接受为主动求变。

在大多数爱情中，都是一方先对另外一方表现出好感，然后另外一方在一段时间的考察和相处之后，决定是否接受对方。有些人比较木讷，在恋爱中从不主动，即使确立了恋爱关系，也依然被动地等着对方来爱，这是不好的。很多事情，我们要想掌握主动权，就应该先计划，先行动。感情也是需要经营的，如果一味地等着对方示好，你就无法把握恋爱的节奏。和朋友相处也是如此，现代社会，人际关系的重要性上升到前所未有的高度。不管在生活中还是在工作中，我们都没有办法脱离人际关系独立生存。拥有良好的人际关系，能够帮助我们占尽天时地利人和，更快地获得成功。那么，在和朋友交往的时候，你是不是占据了主动呢？中国是一个崇尚礼仪的大国，尊崇礼尚往来，你先向对方表示了友好，对方也一定会给予你回应。相反，假如每个人都等着别人来和自己交往，那么人与人之间就会变得非常冷漠。要想拥有更多的朋友，你要成为那个先抛出橄榄枝的人。

在工作中，主动的精神更加重要，很多人都有惰性，只要工作上的表现符合老板的要求，只要薪资能够养活家里，就不想再做出更大的努力。其实，你不努力奋进，别人却在进步，那么时间长了，你就会落后，就会面临被淘汰的窘境。现代社会日新月异，作为社会的成员，每个人都失去了止步不前的权利，因为不进则退。很多时候，与其被动地等着被淘汰，我们不如主动学习，充实自己，主动出击，这样一来，才能更加从容地应对改变的到来。

孙勇是一名小学教师，在家乡的小县城工作。近年来，教育行业不断创新，孙勇作为教学系统的创新楷模，最近不但胜任副校长的职位，还获得了全市为数不多的出国学习的机会。很多老师私底下议论纷纷，说孙勇肯定是有亲戚在教育系统工作，所以才能从名不见经传的小教师一下子成了校长。其实，孙勇的父母都是农民，孙勇之所以能有今天的成就，完全是因为他主动求变的精神。

早在读大学期间，孙勇就开始接触很多教育杂志。这些杂志上面有最新的教育资讯，包括对整个教育行业进行探讨和探索的一些论文。对于这些，孙勇常常进行思考，因为传统的教育模式已经很难培养出社会需要的人才，所以，成为一名小学教师，就要将教育改革从娃娃抓起。

毕业之后，孙勇在工作过程中经常贯穿一些自己的新想法，在他的精心教育下，班级里的孩子们的确形成了创新的思维模式。再说说教学方法，孙勇一直在摸索新的教学方法。以前，老师只顾着教，学生只顾着学，教学过程中很少进行沟通和互动。孙勇呢，他在课堂上极大地调动学生的积极性，利用新媒体，把自己定位为学生的引路人。有一次，他用这种模式上了一节公开课，引起了很多教师的讨论。在探索的道路上，孙勇从未停止，因此，当教育系统开始发文调整教育思路，改变传统教学模式时，孙勇早已抢先一步。在缺少榜样和典型的时候，他理所当然被确立为教师们学习的楷模。孙勇正是抓住了这样一个契机，从而改变了自己的命运。

如果孙勇没有一直为创新教育做准备，他就无法抓住这个千载难逢的好机会，把自己展示在众人面前。他的成功，是因为别的教师浑浑噩噩混日子的时候，他就已经开始主动求变了。所以，他才能牢牢把握自己的命运，为自己争取到更开阔的人生舞台。

第 12 章

砥砺前行，学习不止完善自我

现代社会，新鲜事物层出不穷，知识更新的速度已经大大加快。若想适应不断变化发展的世界，就需要把学习从单纯的接受教育变为一种生活方式，不断尝试和学习，保持生命的新鲜和活力。

提高学习能力，坚持终身学习

早在古代，人们就提出应该活到老，学到老。现代社会已经进入知识大爆炸的时代，知识的更新速度越来越快，知识的保鲜期越来越短，我们更应该坚持学习，这样才能及时补充新知识，拒绝落后。其实，学习是很宽泛的，学习不仅仅指学习知识，也包括技能的掌握，心态的调整，素质的提高，眼界的开阔。这与上文说到的读书不谋而合，我们应该读书，应该锲而不舍地学习，跟上时代的脚步。荀子认为，学习是没有止境的，只有在生命结束的时候，学习才能停止。对于学习，近代著名教育家陶行知先生说，“活到老，干到老，学到老，用到老”。我们伟大的领袖毛主席一生读书广博，学识深厚，聪慧过人，也离不开勤奋好学的精神，直到去世前夕，毛主席的卧室里依然摆满了书籍，书籍陪伴毛主席度过了戎马一生。

现代的教育观念和以往任何一个时代都不同，终身教育的理念已经被大众所接受。联合国教科文组织在《终身教育的展望》中指出：

“学习和工作应该是贯穿人一生的持续的过程”。学习与生活不再是两个独立个体，而是合二为一，学习就是生活，生活就是学习，学习已经变成了生活的常态，始终与生活相伴。对于一个国家一个民族而言，要想真正实现可持续发展，就必须养成终身学习的习惯。大到整个社会，小到单位和个人，学习能力都是实现生存和发展的核心能力。不学习的人，无法在21世纪很好地生存，甚至会被社会淘汰。

举个形象的例子，很多人都用过可以充电的“蓄电池”。这种电池不同于一般的电池，普通电池电量耗完就要丢掉，不可再用，但是蓄电池是可以重复使用的。每隔一段时间或者蓄电池里的电用完的时候，我们只需要给其插上电源充电，它很快又可以能量满满地为我们所用。其实，我们如今也是社会的一块蓄电池，整个社会的运转，需要无数块蓄电池为其提供能量，产生推动力和创造力。如果我们只是普通电池，从不充电，那么电量耗尽之后就会被丢弃。但是，只要我们定期给自己充电，我们就能从电量即将耗尽的状态重新变得能量满满，充分实现自己的人生价值。不学习，则退步，最终被淘汰，我们要想终生胜任一个岗位，为社会所需要，就必须提高自己的学习能力，坚持终身学习。

播种一种榜样，收获奋斗目标

有人说：“播种一种思想，收获一种行为；播种一种行为，收获一种习惯；播种一种习惯，收获一种性格；播种一种性格，收获一种命运”。那么，播种榜样，能够得到什么呢？榜样的力量是无穷的，这句话几乎人人都耳熟能详。我们要说，播种一种榜样，收获奋斗的目标，收获行为的镜子。榜样，不但能够给我们力量，让我们勇敢地向上攀登，也能让我们找到调整言行的参照物，让我们时刻以榜样为标准反思自身，加倍努力。在一个集体之中，榜样更相当于是一面旗帜，迎风起舞，带着团队里的所有成员一路向前。

曾经，雷锋作为全民学习的榜样，传遍了全国各地。一夜之间，人人学雷锋，社会风气极大好转。后来，赖宁向雷锋学习，为了扑灭山火，付出了自己宝贵的生命。这就是榜样的力量，它代代传承，给予人们精神上的指引。一旦我们为自己树立了榜样，他就会成为我们心中的坐标，我们的言行举止会不自觉地朝着榜样靠拢，使自己的觉悟也得到提升。现代社会，各种榜样依然层出不穷，喜欢跑步的人会以刘翔为榜样，因为他扛着中国的旗帜跑进了世界；游泳的运动员会以田亮为榜样，希望自己像他一样在奥运会上为中国夺冠……很多人都有自己心目中的榜样。对于普通人而言，虽然我们的榜样未必是最出色的，但是一定是在特定时间内或者某些方面比我们优秀的。学习和进步之中的人，尤其需要榜样，法国作家卢梭说，“榜样！榜样！没有榜样，你永远不能成功地教给儿童任何东西。”榜样对于学习的促进作用，是无可取代的。要想快速地成长和进步，除了努力之外，我们必须给自己树立典型的榜样。就像运动员跑马拉松一样，如果把终点当成目标，往往很难坚持跑完全程；如果把马拉松全程分段，每段都以鲜明的目标作为一个阶段的终点，那么跑完全程就会变得轻松一些，速度也会得到提升。榜样，就是我们在特定人生阶段的标志物，有了这个标志物，我们才会变得更有目的性，成长也会更快速。

在一个销售团队中，业绩始终是领导识人的重要指标。李强最近很苦恼，因为他已经进入某某二手房经纪公司半年了，可是到现在，自己连一套房子都没有卖出去。这可怎么办呢？李强心急如焚，他很想挣钱，即使不挣钱，也需要卖出一套房子证明自己的能力。对此，他不知所措，正当李强像霜打了的茄子一般愁眉苦脸时，他的组长来找他谈心了。

组长问：“李强，你进公司半年了，还没有开单，着急吗？”

李强不假思索地说：“当然着急啊，怎么能不急呢！我都快急死了，但是我真的不知道应该怎么办！”

“有个方法很简单，你想试试吗？”

“什么方法？”李强迫不及待地问。

“璐璐是和你一起进入公司的，她现在已经开了三单。我想，你只需要向她学习，把她当成你最近这段时间的榜样，总会有收获的。”

“我是一直在向她学习啊。”

“你学习的程度还远远不够。如果你相信我说的，就开始模仿她吧，她干什么，你就干什么。她去社区开发，你也去社区开发；她打电话联系客户，你也打电话；她去看房，你就跟着，看看她是怎么和客户业主沟通的……总而言之，你先把自己变成她的影子吧。目前，这是我能想到的最好办法，该教你的我也都教了，你必须自己慢慢领悟。”

听了组长的话，李强真的把自己变成了璐璐的影子。渐渐地，他发现自己之前的学习都是浮于表面的，真正的学习，从他变成璐璐的影子开始。就这样，两个月之后，李强迎来了他的第一单。那一刻，他想到的不是钱，而是成就感和满足感。在此之后，李强把璐璐当成是自己的榜样，在业绩上与璐璐你追我赶，两个人双双成了公司的销售冠军。

这就是榜样的力量，很多时候，我们心里所想的学习太过宽泛，也不够具体。有了榜样之后，这一切才会变得生动起来，只要我们始终把榜样作为自己心中的目标，努力不放松，我们最终就会成为和榜样一样优秀的人。

罗曼·罗兰说：“要想把阳光撒到别人心里，自己心中首先要有阳光。”榜样就是我们心中的阳光和希望。要想成功，我们就要为自己树立一个生动的榜样，然后不遗余力地朝着榜样的高度努力，直至获得阶段性的成功。此后，根据自身的发展，我们依然可以为自己树立一个更高层次的榜样，在超越榜样的过程中，我们会离成功越来越近。

接纳新鲜事物，与时俱进

新鲜事物，从绝对的意义上来说，就是以前从未出现或者从未发生过的事物。从狭义的角度来说，就是在我们的生活和生命中，未曾出现过的事物。新鲜事物，也许是一件具体的物品，也许是一种全新的理念，也许是我们从未涉及过的领域，总而言之，就是所有从来没有接触或者尝试过的存在。如果把参照物设定为整个社会，那么新鲜事物是人人都未接触过的，如果把参照物设定为我们既有的经验和经历，那么新鲜事物也可能指的是社会上已经出现而我们还未曾感受的。新鲜事物，顾名思义，其中一定包含着很多更新的、合理的知识或者是技能，所以，面对新鲜事物，学习是必须的。

新鲜事物是推动社会前进的力量，新鲜事物的出现，人们从排斥抵触，到欣然接受，就标志着社会往前进了一步。大家还记得互联网刚刚出现的时候吗？对于这个虚拟的世界，很多人欣喜若狂地接受，也不乏有人将其视为洪水猛兽。如今，互联网已经完全渗透进我们的生活，大部分工作都要依靠互联网操作。再看看现在的购物模式，马云率领阿里巴巴团队开展网络销售的时候，大多数人对此持怀疑态度，如今，网络购物方便了无数人的生活，使整个中国，乃至全世界变成了一个巨大的市场。你人在中国的一个小县城，没关系，你可以利用网络购买全世界的美食。从这个意义上来说，地球真正地变成了一个村落。人在内蒙，可以吃到厄瓜多尔的白虾；人在云南，可以吃到新疆的羊肉串和葡萄干，甚至还有哈密瓜……如今，很多人已经到了离不开网络购物的程度，这距离网络购物刚刚兴起时的饱受质疑才过了多长时间啊！由此可见，人们接受新鲜事物的能力是非常强的。和别人的进步相比，如果你至今还排斥新鲜事物，那么你就OUT了。很多时候，新鲜事物除了给我们的生活带来便利，还能让你充满活力呢！如果你怀着包容和接受的心态面对新鲜事物，你就会发现，你的心态越来越年轻，你也更容易和大多数人同步并且得到他们的认可了。

2008年底，奥巴马在总统选举中一举得胜，当选第56届美国总统已无悬念。据初步统计结果，奥巴马以297票的高票数，超过当选总统所需270张选举人票的标准。奥巴马是美国历史上的第一位黑人总统，奥巴马的当选有着重大的历史意义。其实，奥巴马之所以能够获得成功，和他有效地接受新事物并且将其为自己所用，是分不开的。纵观美国历史，有很多总统都擅于利用科技的力量，例如罗斯福为了安抚美国民众，开展的“炉边谈话”，肯尼迪开展的电视辩论，都离不开该科技的支持。那么，奥巴马呢？他在社交网站推特上申请了自己的账号，并且在短短的时间内拥有了数百万的“粉丝”。在此之前，没有任何候选人像奥巴马一样拥有这么多的粉丝，他们甚至不知粉丝是什么。正是拥有如此大量的粉丝，美国民众才觉得奥巴马首先是一个非常平易近人的人，其次才是总统候选人。奥巴马的独特方式，使他一夜之间通过社交网络平台走进了每一位美国民众的心里，当选也就是理所当然的事情了。

和其他候选人比起来，奥巴马显然棋高一招，最让人敬佩的是，这种高超的战术利用网络科技，是非常容易实现的。归根结底，奥巴马之所以能成功利用科技的力量，是因为他敢于接受新鲜事物，并且真正学会了如何运用新鲜事物。

科技的发展日新月异，未来还会不断地涌现出更多的新鲜事物。

作为现代人，我们千万不能墨守成规，排斥新鲜事物，而应该张开双臂拥抱新鲜事物，不遗余力地学习新鲜事物，只有这样，我们才能与时俱进。

多个角度思考，看清问题本质

很久以前，我们习惯了从一个角度看问题，所以很多电视剧电影里，好人就是好人，好得轰轰烈烈，坏人就是坏人，坏得彻彻底底。后来，我们发现人性是复杂的，好人也有弱点，坏人也有优点，所以，我们的影视剧中好人和坏人的形象越来越立体，越来越生动，让人一度很困惑，这个人虽然很好，但是那件事情做得不够完美，那个人虽然很坏，但是也有一些善良的地方。于是，我们终于意识到，不管是人还是事物，都有其多面性，因此提出了从多个角度客观看问题的思路。

世界每时每刻都处于变化之中，只有从多个角度看待问题，我们才能更加客观公正，也才能做到与时俱进。人生也是如此，人生就是不断接受改变的过程，所以，我们常常要用新的标准和发展的眼光衡量人或者事物，这也是从多个角度看问题的一个方面。在前进的道路上，我们常常会遇到坎坷和挫折，原本计划好的事情，也许因为一个小细节的改变，结局就有了很大的不同。这样的结果是我们不想看到的，怎么办呢？一味地排斥和拒绝不能使结果变得更好，只会让我们更郁闷。那么，如果改变角度想一想，也许这个坏的结果可以作为好的起点，重新开始。做人最怕的就是钻牛角尖，时代瞬息万变，我们也应该时刻转换思维，不要一条道走到黑。

当从多个角度看问题的时候，我们就会形成发散性思维。所谓发散性思维，也叫求异思维，扩散性思维。指的是在遇到问题的时候，能够产生很多不同的想法，最终找到最好的解决问题的方法，甚至找到创新性的办法处理问题。任何事情都不是平面的，更不单一，只有多个角度看待问题，我们才能不仅仅局限于事物的表面，而深入事情的本质。

很久以前，有五个盲人，他们从未看过大象，都很奇怪大象到底是什么样的。为此，他们决定一起去摸一摸大象。第一个人摸到大象的鼻子，说："大象是一根软软的管道。"第二个摸到了大象的耳朵，说："大象就像蒲扇，很大，还能扇风呢！"第三个摸到了大象的尾巴，说："大象又细又长，就像一根棍子。"第四个人摸到了大象的身体，说："大象就像一堵墙，非常厚。"第五个人摸到了大象的腿，说："大象是一根柱子，又圆又粗。"

五个盲人争辩起来，谁也说服不了谁。这时，站在一旁的人说：“你们都说错了，你们摸到的只是大象身体的一个部位，必须摸完全身才能知道大象的样子。”

有一家玩具店进了一批新玩具，老板把它们整齐地摆放在货架最好的位置上，想让更多的小朋友发现它们，把它们带回家。然而，小朋友进入玩具店之后，似乎对这批新玩具视若无睹，只顾着去其他货架上挑选玩具。老板百思不得其解，问了好几个孩子才发现问题所在。原来，他的玩具摆设的位置正好在成人眼睛水平线的位置，对于成人来说是很容易发现的，但是对于身材比较矮小的儿童来说，必须仰着头才能看到。老板跪在地上，发现儿童的最佳视野在货架的下一层，因此，他赶紧把新玩具都调整到低一些的货架上。果然，进店的孩子们第一眼就看到了新玩具，新玩具很快就被抢购一空了。

盲人摸象的故事告诉我们，看待事物，应该从多个角度全面看待。否则，就像故事里的盲人一样，有人说大象是圆柱，有人说大象是墙壁，有人说大象是蒲扇……只要坚持多角度看待问题，这种贻笑大方的事情就不会发生。在第二个事例中，老板刚开始的时候以成人的角度看待问题，忘记了孩子们的身高问题。后来，他站在儿童的角度上看问题，才找到了摆放新玩具的最佳位置，实现了营销的成功。

不管是看人，还是看待事物，我们都应该坚持从多个角度看待。

只有多角度看待，我们才会有客观公正的态度，才能做到全面而又理智。在处理问题的时候，只有多个角度看待问题，才不容易有死角，才能找到处理问题的最佳方法。

放空心态，虚心学习

人生的旅程，需要不断地收拾行囊，丢弃那些不用的东西，才能轻装上阵，加快速度。在学习的道路上，我们同样要学习把自己放空，保持空杯心态，这样才能虚心学习，保持进步。所谓空杯心态，其实是心理学范畴内的概念，宽泛地说，它指的是做事情之前要有好的心态。形象地打个比方，每个人都是一个杯子，我们学到的知识会填进这个杯子。这个杯子的大小取决于你的内心。如果你觉得自己掌握的知识远远不够，永远都像刚刚入学的小学生一样求知若渴，那么你的杯子就会变大，容纳你不断学习的知识。相反，如果你觉得自己已经学到了很多知识，懂得了很多道理，完全不需要再学习了，那么你的杯子就会变小，甚至连之前装进去的知识也会溢出来，如此一来，你已经没有空间再去容纳新知识了。怀有空杯心态的人，总是非常谦虚，从不骄傲自满，所以他们在人生的道路上始终在学习，从不觉得满足。一代武学宗师李小龙之所以能够成为举世闻名的功夫巨星，正是因为他始终推崇空杯心态，他说："清空你的杯子，方能再行注满，空无以求全。"

细心观察生活的人会发现，拥有空杯心态的人从来不说自己当年的成就，因为成就一旦问世，就已经成为过去的荣耀。他们想得最多的是，如何利用现有的条件，创造更加辉煌的未来。相比之下，骄傲自满的人则总是说自己以前怎么样，沉浸在过去的荣誉中，不愿意往前走。他的内心已经被过去的荣誉充满了，再也没有空间迎接新的荣耀。人生是一场盛大的宴席，过往只是一道精妙绝伦的菜品。不管它多么绚烂，在人生的宴席上，一旦过时，就会变成残羹冷炙，绝不会再被呈现上来。人生的成就，就是人生宴席上的一道道菜品，我们应该以自己取得的成就为阶梯，往人生更高处攀登，而不能有了成就就止步不前，低头往下看。

要想拥有空杯心态，首先要学会舍弃，不但要舍弃荣誉，也要舍弃我们曾经遭受的挫折。如果你一心沉浸在曾经的困难和挫折中，就没有勇气朝前走。其实，当你经受过失败后，失败就已经成为过去，我们应该做的是从失败中汲取经验，为将来走向成功做准备，而不是一味地淹没在失败的阴影中，错失更多的成功机会。生活中，一个人需要舍弃的东西太多太多了，既然人生的旅程需要轻装上阵，我们只需留下最宝贵的品质就好。

大森林里召开了一场运动会，一匹千里马轻轻松松就获得了“马拉松”比赛的冠军。夺冠之后，它的生活发生了很大的变化。每天，都有小伙伴请它一起玩儿，找很多机会赞美它。为了与冠军交好，猴子打造了一副黄金马掌送给千里马，这副马掌非常厚重，足足有好几斤沉。穿上这副马掌之后，千里马每走一步，都能发出清脆的响声。狐狸呢，别出心裁，送了一副用珍珠和金线编织成的马鞍给千里马，在阳光下，千里马变成了熠熠闪光的金马。渐渐地，千里马也觉得自己非常了不起。它让铁匠为它打造了一个铁盒子，把奖牌放在里面，每天都挂在脖子上四处炫耀。转眼之间，一年一度的森林运动会又开始了，千里马对冠军势在必得，它昂首挺胸地进入赛道。然而，跑了不到一半，它就跑不动了，因为金子做的马掌、珍珠镶嵌的马鞍，还有铁盒子装着的奖牌都太沉重了。再加上这一年多来，它始终忙于应酬，很少有时间锻炼，身体机能也急速下降，好不容易坚持到赛程过半，它就弃权了。

不知道的人，都以为苗苗是业务上的大拿。因为她动辄就说：“看看你们谁能破得了我的销售记录，我可是一个月成交了五套房子啊。”“你们这些人，还且得锻炼着呢！现在这样可不行，水平还差远了。”“在我们公司，还没有谁不给我面子呢，我还是有点儿面子的。”刚刚进公司的时候，婷婷以为苗苗是个神人。然而，半年过去了，苗苗除了吹嘘自己曾经一个月卖掉五套房子，和每天数落数落新人之外，再也没有其他工作上的突出表现。婷婷这才知道，眼前这个黑黑胖胖的苗苗就是个自大狂。渐渐地，团队里的人都知道了苗苗的为人，大家一听她说话就赶紧躲得远远的，省得听她像祥林嫂一样唠叨，半年又过去了，苗苗被领导开除了。

千里马在获得荣誉之后，就忘记了自己是怎样成功的。苗苗呢，一辈子都抱着自己曾经那点儿小小的成就生活，还自以为是，最终被开除是必然的。一个杯子，如果里面装了浑水，那么不管再加入多少水，也都还是浑浊的。只有倒空，放入清水，才能变得清澈起来，人心也是如此，哪怕只有一丝一毫的骄傲自满，你也无法做到真正虚心地学习，所以，我们必须放空心态。

空杯心态是对自己的一种挑战，一个人如果始终能够保持谦逊，那么一定会取得很大的进步。在变幻莫测的职场上，真正能够经得起考验的人，都是那些有真才实学的人。真才实学靠什么，就靠持续的学习和积累。

参考文献

[1]汤木.你的努力，终将成就无可替代的自己[M]南昌：百花洲文艺出版社，2015.

[2]沐木.努力到无能为力，拼搏到感动自己[M]北京：现代出版社，2016.

[3]一颗丸子.你不努力，谁也给不了你想要的生活[M]北京：中国致公出版社，2017.

[4]李尚龙.你只是看起来很努力[M]北京：北京联合出版有限公司，2017.